魅力无限的
月季玫瑰花园

日本FG武藏 编

苏彦睿 译

机械工业出版社
CHINA MACHINE PRESS

目 录

Contents

Rose Garden

第 *1* 章

令人赞叹的美丽庭院
欢迎来到向往已久的月季花园

在月季萦绕的空间里度过悠闲时光。
介绍谁都想拥有的梦中花园。必看的月季选择与搭配技巧。

花香满溢的月季装扮的华丽入口。拱形架牵引着粉色略带黄的藤本月季"柯内莉亚"。枝条十分柔软，容易牵引，生命力旺盛。

案例 *1*

月季、乔木、灌木
错落有致、层次丰富

埼玉县　关根恭子

有高度的立体栽种使层次丰富

深处的拱形架上萦绕着白月季"佩涅洛佩"、深粉色的"路易丝·欧吉尔"。搭配着含苞待放、挺立的松果菊和红铜色黄栌，具有立体感。

浅色月季点缀着通往玄关的小路两旁。硕大的橄榄树下装饰着栽有月季"特拉德斯坎特"的红褐色花盆，引人注目。

通过色调及杂物的巧妙搭配提升月季的魅力

1. 玄关的柱子上牵引着"黎塞留主教"，下面配有修剪的黄杨造型，观赏深紫色和青柠色的对比。
2. 月季"路易丝·欧吉尔"的拱形架上装饰着从"Wonderdecor"（神奈川县横滨市）买来的画盘和烛台，增添了动感。
3. 外墙手工制作的框架上垂落着月季"普朗夫人"的枝条，优雅妖媚。

出于对古典月季的迷恋，关根 15 年来坚持打造自己的月季庭院。关根在"村田月季园"（神奈川县横滨市）的讲座上学到了藤本月季庭院的栽种技巧，3 年前她又在"OAKENBUCKET"（东京都杉并区）学习修枝、牵引的方法等，并不断进行钻研，最终呈现出一个盛开着自己喜爱的古典月季及英国月季的空间。这个庭院的魅力在于，步入的一瞬就能感受到令人震撼的力量。秘诀在于有高度的立体栽种。

洄游式小径上设有 8 处月季拱形架。而且为了自然地遮蔽深处，关根还在小径旁种植了许多乔木。月季仿佛飘浮在头顶上的绿荫里一般，如梦如幻。月季以与周围空间协调的淡色花为主，乔木则是选择黄栌及金合欢等树叶颜色不同的品种，五彩缤纷、错落有致，目光所到之处都是美景。

铺砌严整的石板使茂盛的植物有张有弛，避免压抑。灌木多选用能够衬托月季的观叶植物。绝佳的平衡感提高了庭院的完整度。

几个拱形架增添了立体感，创造出月季萦绕的空间。从杏粉色的"科莱特"月季渐变到紫色的"威廉罗布"月季，然后是艳丽的紫色铁线莲"阿弗洛狄忒"。

不经意地牵引月季
增添美感

4. 选择最合适的地方放置盆栽，营造出有魅力的场景。清爽的白色月季"勒格拉圣日耳曼夫人"搭在长椅上，气氛唯美。

5. 长椅放置在庭院深处的角落，搭配着动物饰品，让死角也变成亮点。

复古的石砖和正方形的瓦片等，让每个角落富于变化。小径上配有鸟笼和盆栽，给茂盛的植物增添了韵律。

茂盛的绿叶平衡
月季的甜美

灌木协调着花的艳丽，搭配着青柠色的悬钩子"阳光浪花"、红铜色钓钟柳、银色绵毛水苏等彩叶植物。

月季"繁荣"　　　月季"弗利西亚"

与起居室正对的露台，早春时节白色的木香花装饰着花架。随后，围栏牵引的2种月季也华丽绽放。

地图

房屋

面积：120m²

喜欢的店："OAKENBUCKET"（东京都杉井区）

现在心仪的绿植：大戟

平面图插画／冈本美穗子

FAVORITE ROSE STYLE

生机盎然的树木
与缤纷月季交织
浑然一体

透过月季"繁荣""弗利西亚"探出的围
栏缝隙，可以看到加拿大唐棣、绣球、高
大乔木柯。前面有 2 米高的天然屏障，遮
挡行人的视线。

藤本月季覆盖的花架下面摆放着桌椅。置身于喜爱的月季和甜甜的花香之中，度过宁静的片刻。

繁花似锦的庭院
就像童年梦的延续

东京都 种田蓉子

1. 朋友送的鸟巢在历经风雨后褪去光泽，散发着别样的味道，无意间成了花园装饰品。

2. 外墙上盛开的大簇月季是"龙沙宝石"。走在小径上，两边是倾泻而下的月季和可爱的花花草草。

3. 穿过小径，秘密花园般浪漫的月季花园赫然出现在眼前，争奇斗艳的月季花丛压轴登场。

11

真正开始月季栽培是在五年前。契机是参加了附近"OAKENBUCKET"（东京都杉并区）的月季课程。"被藤本月季'冰山'的温柔所吸引，完全成了藤本月季的俘虏"，种田说。如果家周围栽满了藤本月季，那该有多棒。

感受自然的庭院

植物像生长在野外般自然地伫立，以此为理想的种田选择了朴素细腻的花，甚至从种子开始培育。"月季的花色在绿叶衬托下以白色和淡粉色为基调，另外搭配可爱的青紫色花草"，在这种配色原则下，特别留意庭院视野的开阔性。

"培育的过程最令人开心，对我而言那是最宝贵的时间。"正如种田所言，从育种、栽种幼苗到摘花，日常的照料必不可少。

"这个庭院是为了让自己赏心悦目，因此希望院子里的植物时时刻刻充满生机。"

时至今日，停下手中的活儿环视庭院，这仍然是一个无法取代的美好的片刻。

"月季和从种子
开始培育的花草
自然融合的空间"

1. 一边喝茶一边欣赏月季绽放的特等席。花架上蔓延的藤本月季宛如遮阳伞，即使在光照强烈的季节也能够愉快地度过闲暇时光。
2. 白色露台的围栏上缠绕着白色藤本月季"阿尔贝里克"。选择低调花色的花搭配在高处，也是种田的风格。
3. 醒目的月季"莉莉马莲"。存在感强烈的花色周围点缀着充满野趣的清爽的花草，十分协调。

1

2

1. 鲜艳的三色堇与单瓣月季"淡雪"相映成趣，勿忘我等小花衬托着重瓣月季"冰山"。

2. 鲜红色的月季"赤胆红心"下生长着纯白色香雪球，红白强烈的对比让人印象深刻。

3. 从宛若婚纱的藤本月季"夏雪"到下面的香荠，一片纯白，粉色的小花增添了可爱的气氛。

FAVORITE ROSE STYLE

欣赏与可爱花草的搭配

可爱的花草是种田所中意的。对于花草，种田表现出每年从种子开始培育的热情。月季与花草，浓与淡，大花与小花，重瓣与单瓣，通过色彩和大小的对比突出各自的美。

3

Favorite Roses

因为限定了花色，为避免单调，单瓣与多瓣、杯状与莲座状，混合各种花形与大小，精雕细琢，使搭配富于变化。

"瑞伯特尔"

德国科德斯（Cordes）公司培育的藤本月季。明亮的粉色，圆鼓鼓的杯状花瓣，非常可爱。细枝上盛开的花朵宛如小公主。

"淡雪"

日本培育的灌木月季。单瓣的平展花形带有野生趣味。天真无邪的纯白色花也适合日式庭院。

"遗产"

英国月季。柔和的浅粉色，深杯状花形，十分美丽，散发着成熟女性的魅力。

FAVORITE ROSE STYLE

限定月季的花色，增强统一感

"月季的花色以白色和淡粉色为基调，点缀深粉色和红色成为亮点。若与黄色和橙色花混种的话，给人杂乱的印象，所以没有选用。"通过使用同色系，庭院看起来更加宽敞。

花架自上而下由白色渐变到粉色，最后是紫色的"黎塞留主教"。

"羞涩"的外墙隐藏在茂盛的藤本月季的覆盖下。为使花色、花形不显单调，可交错种植多个品种、攀缘伸展的藤本月季。

地 图

面积：160m²
每月预算：无
今后计划：想尝试铁线莲
喜欢的店："OAKENBUCKET"（东京都）
使用的肥料：OAKENBUCKET 推荐的牛粪和有机肥

15

让人羡慕的月季、月季、月季！
完美利用墙体的月季花园

大阪府　奥野多佳子

藤本月季的拱形架通往秘密花园

充分利用建筑物之间的空隙，设计成摆放绿植的露台，花草环绕，心情舒畅。

白色月季与篱笆提升亮度和气氛

1. 被藤本月季"冰山"包围的浪漫空间。阳光好的季节，在这里与家人朋友享受喝茶、用餐的美好时光。

2. 在空调外机护罩上设置架子，摆放杂货和绿植。

大约 60 种不同颜色的月季散发出优雅的香气，温柔地包围着奥野的庭院。从围栏及花架的设置到栽种，这就是奥野从零开始精心打造的月季花园。

　　沉迷于月季之美源自姐姐送的一本有关月季的书。11 年前，奥野以房子翻修为契机，开始着手打造月季花园。庭院分为兼玄关入口的主花园及连接起居室的后花园。因为主花园泥土较少，于是纵向利用空间，设置了 3 处连续拱形架。而后花园则是家庭休息的场所。中央是草坪和铺设的石板，月季360° 环绕四周。月季主要选择了颜色、气味清淡的藤本月季，搭配与月季和谐的毛地黄和黑种草，营造出一个浪漫的空间。

　　冬天，奥野会亲自剪去牵引的藤本月季的枝条，重新进行搭架。仿佛为了回馈奥野的热情，月季也旺盛地生长着。今天，整个庭院被绽放的月季包围，叹为观止。

　　奥野以庭院为题材制作的布料挂毯也多次入选展览会。庭院是赋予作品灵感的重要的存在。每年 5 月，同样喜爱月季的朋友络绎不绝，一起度过充实的时光。

搭配着长有鲜艳紫色叶子的黄栌以及大株个性而多彩的植物，令栽种富有韵律。

众多月季萦绕头顶的玄关入口。花瓣零落，小路上仿佛像铺了一层绒毯，清扫也让人愉快……奥野说。

窗户旁边的墙面上安装支架，
攀爬着月季"康斯斯普赖"，
与毛地黄等粉色系花很和谐。

地图

N

面积：约 140m²

喜欢的店："蔼蔼公园"（兵库县宝家市）

现在心仪的绿植：彩叶植物

FAVORITE ROSE STYLE

藤本月季带来的立体感丰富了庭院个性

白色的藤本月季"冰山"萦绕在门口前，茂盛地伸展，
值得一看。

沿着起居室的形状铺设木制露台，仿佛从任何一个
窗户望去都能置身于大自然。

3. 草坪中央规则地铺砌着正方形石砖，给人庄重的印象。

4. 玄关入口的墙壁上装饰着架子，增添了趣味性。

5. 缠绕着藤本月季"保罗的喜马拉雅麝"的玄关旁边的墙壁上，挂着牵牛花盆栽。

6. 入口的拐角处放置着蓝色长椅引人注目。

案例 4

精心培育的月季
美丽盛开的
英式花园

福冈县 池田昭

1. 房子的外墙上攀爬着粉色藤本月季"瑞伯特尔"，营造出美丽的花径。与对面白蜡树的枝杈形成一条郁郁葱葱的通道。
2. 粉刷成宝石蓝的小屋映衬着月季"龙沙宝石"。底部空间栽种着鲜艳的矾根，画面让人印象深刻。

　　池田家位于视野开阔的高地。一踏进院子里，晴空之下盛开着五颜六色的月季花，宛若一座空中花园。

　　开始打造月季花园大概是在 10 年前。最初的 5 年，完全是按照自己的想法享受庭院设计。但由于不太娴熟，距离理想的样子还差很远。不断试错的时候，在国道附近发现了一处美丽的英国风建筑及庭院。那是园艺公司"绿花园（Green Garden）"（福冈县久留米市）的示范花园。因为太美丽，池田毅然敲开了门，与石井主理人就庭院设计进行了交流。那天之后，池田决定让自己的庭院面目一新，委托石井打造"可以欣赏月季的舞台"。

　　为了充分利用池田费尽心血培育的几株月季，石井将花坛分成几个空间，设计成逥游式布局。花径和花坛多使用蜜蜡石，让人联想到科茨沃尔德。同时甄选树木，把白蜡树和流苏树等乔木灌木种植在适当的地方，流露出自然风情。

　　以后的栽种则是靠池田自己。除了欣赏月季及衬托她的灌木、花草，也呈现了一种值得借鉴的庭院设计。

FAVORITE ROSE STYLE

造型美丽的月季搭配手工制作的静物
让庭院更加生动

3. 设计成三角屋顶状的爬藤架上攀爬着藤本月季"日落"。浓重的花色让空间充满温暖。

4. 花径旁边设有高 60~70cm 的矮棚,开满了藤本月季"白色龙沙宝石"。从高处欣赏月季是个有创意的想法。

5. 圆柱形爬藤架中间伫立着天使雕像,在优雅的铁线莲"白万重"的萦绕下,若隐若现。

6. 覆盖着手工制作的爬藤架的藤本月季"大游行"。

池田之前有 30 年栽培菊花的经验。由于菊花的花友渐渐减少，大概 10 年前，池田将栽培对象变为了月季。"虽然菊花和月季的栽培方法不同，但植物的习性相似，很快就能找到感觉。"池田稳重地说。截至今天，以古典月季为主，已经栽培了各个品种近 150 种月季。因为空间有限，池田先在花盆里培育并仔细观察其生长特性，然后再决定移植到哪里。从令人心情愉悦的花园便可以感受到池田的亲切。

让月季看起来美丽的"造型"功力也一览无余。池田不惜花费时间，亲自焊接制作爬藤架及拱形架，并组装从海外网站购买的花架配件。随着池田的个性一点点加进来，庭院的观赏度也越来越高。现在，庭院在 5 月份只有 3 天对外开放。这期间，池田与太太一起在随处设置的休息点开心地招待来客。

这个庭院展示了池田内心向往的风景。"通过设计这个庭院，我认识到了月季的美丽。有机会想去看看真正的英式庭院。"池田心中充满了无限的期待。

7. 栽有月季的路边花坛里，后面是高的毛地黄，前面是矮的三色堇。

8. 粉色"达芬奇"等色彩浓重的月季簇拥在花台上。花丛下躺着的白色天使雕像成为亮点。

案例 *5*

装有门窗的墙壁上
月季花竞相绽放

东京都　加藤友田

FAVORITE ROSE STYLE

复古的门框与盛开的月季形成隐蔽的空间

右侧攀爬着月季"瑞伯特尔"，左侧攀爬着月季"冰山"，空隙间摆放着盆栽月季"雪天鹅"。"瑞伯特尔"横向生长，只要把枝子全面展开就能花团锦簇。灌木丛除了杏粉色的毛地黄、含苞待放的松果菊，还有成簇的微月"甜蜜马车""母亲节"静静地绽放。复古的门框是老家拆迁时留下来的。

庭院四周的墙壁上装饰着小花
月季，繁花似锦

1. 牵引的月季从粉色渐变到白色。
2. 彩色玻璃窗等搭配着围栏，营造出
室内的感觉。透过窗户想象着对面房
间的情景，扩展了空间。围栏后方当
作后院。

月季"芭蕾舞女"

月季"瑞伯特尔"

月季"冰山"

优美的灌木充当着月季的配角

月季下部空间栽种着植株高的毛地黄和钓钟柳等花草。
选择浅色品种，可以衬托月季的华丽。

可爱的小花月季美丽盛开的围墙花园。这里是擅长月季
花园设计的"wood-chips"公司董事长加藤的私宅兼工作室。

围着L形庭院的围栏搭配着古色古香的门框、彩色玻璃
和灯罩，仿佛是从西洋书里跳出来的场景。房子后面的墙壁
上设置着附带屋顶和门窗的假墙，成为月季大展芳华的舞台。
门窗无疑是增加想象空间的完美道具。加藤对色彩十分讲究，
使用了引人注目的活泼的蓝色。有效利用有限的空间，创造
出令人印象深刻的角落。

月季专家加藤传授的秘诀是，想象着月季成熟后的景色
而进行设计。牵引时不忘初心非常重要。然后，移栽到地上
之前，先从盆栽开始管理也很关键。"不要立刻种在土地上，
先用盆栽判断开花时间及花色，并琢磨栽在院子哪里，与什
么花搭配好。"正是仔细的照料造就了这个美丽的月季园。

添置多彩的杂物充满童趣

3. 蓝色支架上摆放着橙色罐子和珐琅器具。多彩的流行物件与可爱的月季"雪天鹅"的灵巧组合。

4. 种着长生草和圆扇八宝的空罐摆放在植物中间。手写的字母很有特色。

5. 空调外机护罩的上部成为装饰架。无意地摆放着象征住家的杂物、栽有多肉的花盆和喷壶等，充满故事性。

盛开的月季爬满杂物成为庭院焦点

杂物是对既成品进行了重新上色。别致的月季"紫罗兰"从旁边的木制屏风一直攀爬到屋顶，欣赏杂物与月季的绝美搭配。

地图

面积：50m²
喜欢的店：Home Center
现在心仪的绿植：穗花婆婆纳、一串红

通过盆栽观其特性是创造出美丽画面的秘诀

左·右／庭院入口处设置着蓝色围栏。还设有花箱，没有决定种植位置的月季先在花箱里的花盆中进行栽培。确定生长特性后再斟酌移栽的位置。花盆部分被花箱掩盖，有花坛一样的效果。

FAVORITE ROSE STYLE

别致的紫色所拥有的美艳
让景色生动统一

为了装饰门框上方的挡板，牵引了 2 种晚开
月季。生长快的"埃克塞尔萨"和刺少易栽
种的"蓝洋红"长势十分旺盛，能尽早呈现
景观。搭配内敛的铁线莲，使色调更温和。
铺砌的红杉木上装饰着假窗、门框和雨篷，
并在前面设置了低矮围栏，搭建的宏大装饰
墙与自家住宅外墙相连。门板涂成蓝色，装
有金属制复古把手。

以门框为焦点的装饰墙是对第 12 届
"国际月季与园艺展"参展作品的改造。
前面设有木制露台。

铁线莲"迈克莱特"

月季"蓝洋红"

月季"埃克塞尔萨"

开着白色小花的野蔷薇上
缠绕着铁线莲"白万重"
和延伸5米长的藤本月季
"夏雪"。清一色爽朗的白。

在狭小庭院外部空间装饰淡雅的花朵，打造万千花容

东京都　前川祯子

"游览了英国的庭院，我对其绿叶的分量印象深刻。我认识到乔木是庭院的骨骼以及绿叶的重要性。"花草种类虽多却不失协调，是因为选择了以粉色为主的淡色系和像图片 1 所示的简单花形，还有茂盛的藤本月季，以浅色的中花月季居多。图片 2 中"海棠"和紫色铁线莲"瓦伦堡"的组合也堪称完美。也可以尝试像上图那样在庭院里放一个插花作品。

春天月季，夏天蓝雪花，秋天红叶，冬天铁筷子，前川家一年四季花与绿叶不断。抱着多培育一些植物的想法，前川开辟了南侧主花园、停车场和入口三处进行栽种。根据位置及目的不同，各个角落呈现出不同的设计风格。

玄关前弯曲的小路增添了纵深感，野茉莉搭配着白色山野草呈现日式画风。小型的南院则以粉色和紫色月季为主，呈现西洋画风。完美连接这些独立空间的，是停车场旁外墙上利用围栏攀爬的藤本月季。从玄关穿过停车场直到南侧主花园，环绕四周的花色从白色到浅红、大红，花色逐渐加重。这种流动的层次感让各个部分完美地组合成一个整体。

"我选择了叶小的藤本月季品种，光线能够透过叶子照射进来。"前川说。除了柔和的色调，完全感受不到压迫感的秘诀也在此。"一边想象着植物生机勃勃地成长，一边进行牵引，这样的劳作令人愉快。"似乎月季栽培的乐趣不只在春季。

FAVORITE ROSE STYLE

从白色到粉色，颜色各异的藤本月季增添量感

玄关前按照"夏雪""皮埃尔欧格夫人""方丹拉图尔""柯妮丽娅"的顺序栽种。由白到浅粉再到杏色，花色呈现出变化。

小小的空间被月季的花色
分成不同的区域

　　抑制着什么都想种的心情，使每个角落的花色统一。为了不显杂乱，整体使用淡色调，并通过层次感连接起每个部分。

从白色渐变到粉色区域的外墙上攀爬着带白边的"皮埃尔欧格夫人"。圆鼓鼓的古典月季香气怡人。

角落里山野草的花楚楚可怜

1. 白色重瓣的木香花，既适合日式庭院也适合西式庭院。无刺好栽培的藤本月季一直攀爬到家的 2 楼。
2. 富有日本山野草野趣的蔷薇科三叶绣线菊。喜半阴、喜湿。
3. 玄关前的角落以白色花与红铜色的山野草为主。搭配着黄水枝等耐半阴、适合山野草的植物。
4. 玄关前的空地上协调地摆放着各种盆栽。选择箱根草、玉簪、三叶绣线菊等随风摇摆、有清凉感的植物，呈现出阴凉愉悦的角落。日照强烈的地方放置着月季盆栽增添色彩。

5

開着可愛的粉色中花的藤本月季「海棠」和花量大、枝葉繁茂的紫色铁线莲「罗曼蒂克」。凌厉的紫色是设计重点。

可以观赏季节性变化的植物与四季常绿植物

在攀缘着围栏的藤本月季下面，栽种外形奔放的常绿植物及引人注目的红铜色叶子植物，考虑在不开花的季节也可观赏。

攀爬在乔木及篱笆上
呈现立体感

5. 在绽放着铜铃般纯白色圆形小花的野茉莉上缠绕着重瓣的铁线莲"白万重"，不经意间阻挡了行人的去路。

6. 南侧道路的木制篱笆上装饰着月季"凯瑟琳莫利"和多彩的花篮，从主花园飞出的枝叶增添了几分明朗与律动。

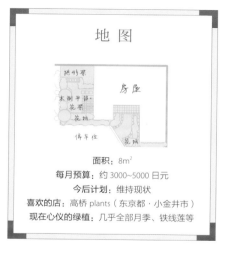

6

地图

房屋

拱形架

木制平台·花哥

花朋

停车位

花朋

面积：8m²

每月预算：约 3000~5000 日元

今后计划：维持现状

喜欢的店：高桥 plants（东京都·小金井市）

现在心仪的绿植：几乎全部月季、铁线莲等

案例 7

聆听如野花般绽放的
花朵与精心照料的
月季之间的对话

长野县　山田干鹤子

牵引着多种月季的拱形架上姹
紫嫣红，形成浪漫的月季隧道。
人们可以在此愉快地散步。

在恬静的住宅区里引人注目，被月季和小花包围的山田家，这是主人在面向马路南侧及建筑物后面北侧的空地上用心打造的浪漫花园。

山田在当地的月季节上邂逅了古典月季，对其可爱之美一见钟情，于是借修建新家的机会，开始着手打造"可愉快漫步的庭院"。修建洄游式小路，路旁混栽着古典月季、英国月季和宿根草。在小路各处设有拱形架，形成花的隧道，让空间更加深邃。每年5月都有120多种月季次第绽放。这种梦幻般的美丽好似秘密花园。

把各种花完美搭配起来的诀窍在于花色的搭配。为了不显嘈杂，主要选择白色、粉色、杏色等淡色系。也多选择花容低调的品种，并搭配朴素的宿根草，非常自然，最大程度上展现了月季的魅力。

"把从花梗处采下来的花插在容器及花瓶里，装饰庭院的桌子及起居室的窗台。"山田说。用这些精心照顾培育出来的花，给生活增添色彩。

玄关旁设置着小小的桌椅。园艺工作累了，可以在这里喝喝茶。坐在椅子上瞭望与视线齐高的月季穹顶，倍感幸福。左侧看到的月季是"穿越""路易十四""克鲁格小姐"。

拱形架下面盛满水的复古容器里漂浮着许多从院子摘的月季花。玄关前的角落在美丽的粉色晕染下绚丽多彩，让来客心情愉悦。

FAVORITE ROSE STYLE

最大程度展现古典月季的魅力

为了凸显美丽的古典月季的个性，植株间应保持距离。酒红色月季"黎塞留主教"和毛地黄对比强烈，让空间具有张力。

茂盛的花草与背景物完美搭配

山田很欣赏月季专家梶美雪的庭院，时刻提醒自己设计自然的庭院。以复古外墙及拱形架为背景的浪漫色调渲染着空间，运用月季设计庭院的技巧可谓精湛。

玻璃器皿里插着一朵朵的珍珠粉色月季"永恒的快乐"。春天，用从庭院里摘下的花草装饰起居室成了每天的功课。

外墙以亲切的杏色为基本色

1. 茶色的屋顶、驼色的墙壁与杏色的"鹅黄美人""依芙琳"融为一体，让空间有整体感。
2. 外墙上延伸的月季是"洛可可"，即使只有一株也存在感十足。

别致的小屋外墙上长着可爱的花草

3. 蓝灰色小屋搭配着可爱的花草。
4. 后院的花园小屋。拱形架右侧的白色月季是"杜普雷"。

铺砌着砖块和陶土的小路也是由山田亲手修建的。每年，宿根草汲取着秋天的馈赠一点点长大。

花色与花形的差异突出个性

1. 纯白色月季"繁荣"旁栽着"龙沙宝石"，更显甜美。
2. 拱形架上"粉色雪纺"和"大马士革"等花形各异的浓淡月季组合在一起，可欣赏娉婷的花容。

与营造原野般美丽的花草混种

3. 蔓延的月季花丛里种着毛地黄，有高有低，增添空间的层次感。爬藤架上月季和香豌豆花缠绕在一起。
4. 月季花下栽种着轻快的白色箱根草和蓝蓟，营造出柔和的气氛。

地 图

面积：110m²

每月预算：约 5000 日元

今后计划：培育宿根草，打造稳重的庭院

喜欢的店：Garden Soil（长野县须坂市）

现在心仪的绿植：铁线莲

新绿美丽地映衬着五彩缤纷的花，秘密花园带来宁静的时光

茨城县　久保仓悦子

拱形架上攀爬着藤本月季"安吉拉"和铁线莲"鲁佩尔博士"。小花月季与大花铁线莲形成鲜明的对比。

线条柔美的麦仙翁和蕾丝花。随风摇摆的轻盈姿态成为靓丽的风景。

花架下面摆放着桌椅，成为休憩的场所。在鲜花萦绕下，与家人及喜欢花的朋友一起品茶，幸福至极。

久保仓一直以鲜花设计师高桥永顺的鲜花搭配为榜样并不断学习。她会有意地挑选花的品种在庭院里栽种。各种颜色的花能够协调地搭配在一起，正是其慢慢培养起来的色彩感及设计感的体现。综合考虑花色、花形、花量等进行选配，主要用粉色月季与蓝色宿根草确定整体的基调，并加入深色大花品种，芳香浓郁。绿油油的草坪衬托着鲜花的美丽。

她充分利用空间，完美地呈现了立体感。在重要的地方设置拱形架来突出高度，庭院深处的装饰品让人感到深邃，等等，

木制露台入口处的拱形架上盛
开着英国月季"西班牙美人"，
迷乱人眼。大花，有存在感。

美丽的草坪周围设有花坛，里面栽种着月季及各种各样的宿根草。

FAVORITE ROSE STYLE

为了不过于艳丽，统一月季的花色

正是月季的个性决定了庭院的氛围。久保仓的住宅主要选择粉色到白色的中小花，与点缀在庭院里的花草相伴，酝酿出柔和的趣味。

招待朋友时，花的装饰必不可少。发挥鲜花搭配的本领，从院子里摘的花醒目地装饰着桌子，玄关前的椅子上放着盛开着金莲花的花瓶。用心的设计肯定能打动访客的心。

久保仓下了许多功夫。

"与起居室相同，庭院也是生活的场所。除了与家人、爱花的朋友欢聚外，可以用院子的花装饰花园桌子，也可以寻找用来装饰室内的素材……"

对植物倾注无限的热爱，同时得到庭院的深厚回报——这种与庭院的亲密关系带来了宁静而美丽的时光。

月季混种呈现令人印象深刻的景色

1. 花架上攀爬着"西班牙美人"和"伊萨佩雷夫人"，可观赏细腻的粉色晕染。
2. 窗户上面是"鹅黄美人"，下面是"尚博得伯爵"，画面柔美。

像星星般点缀的花是梦幻的大星芹，充当周围花草的配角。它们从春天一直开到秋天，是植株高 60 厘米的宿根草。

在起居室可以欣赏到与外面看到的不同风格的庭院。窗檐作为画框宛如一幅画。白色窗帘增添浪漫气氛。

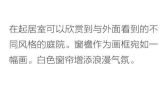

爬藤植物营造出立体空间

1. 被攀爬在花架上的繁茂木藤蔓所包围的休闲空间。

2. 花园小路上连续地设置着拱形架。下面生长着旺盛的宿根草。

酝酿出柔和气氛的小花

3. 古典月季"查尔斯的磨坊"的深色花蕾让景色充满张力，搭配着纤细的黑种草。

4. 妩媚的紫色花是人气旺盛的蜜蜡花。它随风摆动的姿态很有魅力。

5. 各种花草在混种时，要细心留意周围的色彩搭配。植株高低错落，千姿百态，让人流连忘返。

案例 9

忍不住想在翠绿
中深呼吸的放松
空间

东京都 穗坂友子

柔美的白花与墨绿色叶子对比鲜明的
"阿尔贝里克"。枝条纤细柔韧。

FAVORITE ROSE STYLE
花容细腻的藤本月季
是营造美丽景色的名配角

多选择"冰雪女王"和"龙沙宝石"
等花色、花形柔和的藤本月季。周围
绿荫环绕，让庭院十分宁静。

　　穗坂亲手将日式庭院改造成了自己向往的英式庭园。飞石改为砖块，杜鹃改成月季，第7年的今天整个
庭院孕育着水灵灵的绿色。

　　"重要的是平衡。审视整体来决定色彩与搭配。"穗坂说。花色不招摇，花盆也隐藏在绿色中自然地伫
立。因为主花园的南侧是石板，无法种植植物，于是在入口处光照好的地方进行月季栽培。正是因为空间有限，
穗坂才决定利用花架和围栏进行立体栽种。让庭院暗淡的乔木只留下树墩改造成花坛，素材选用尽量不花钱，
这方面穗坂毫不吝惜功夫。花架和拱形架都是穗坂亲手制作的。有开口的篮子和电灯映衬着花盆，独特的选
材让庭院富有个性。

　　"花只要悉心照料就会收到回报，没有什么事情比园艺工作更能缓解压力。"全职工作的穗坂一到周末
就化身园丁，一整天都待在花园里也不足为奇。与亲朋好友的花园派对也成为她周末的一大乐趣。

40

郁郁葱葱的治愈空间

选择枝叶繁茂的藤本月季及色调柔和的古典月季。利用月季特性，制造出丰富的绿荫。手工制作的素材让庭院充满温馨。

手工制作的花架上萦绕着"龙沙宝石"。"这是最早栽种的月季。结实而且好养，适合初学者。"

玄关前怒放的藤本月季"冰山"，花梗纤细，略微低垂，垂落的枝条显得花容娇着迷人。

FAVORITE ROSE STYLE

妙用花盆毫不压抑

1. 攀爬在石墙上的古典月季"黎塞留主教"。花盆部分被常春藤遮蔽，看起来像栽种在地上。
2. 袖珍的英国月季"查尔斯·伦尼·麦金托什"适合盆栽。花坛里摆放着花盆，赫然伫立，引人注目。

用自己制作的家具和物品打造立体空间

3. 南侧铺着石砖的主花园里，茁壮的宿根草等盆栽营造出咖啡厅的气氛。在唯——一处有光照的角落放置着家人一起制作的花架，上面萦绕着强健的原生木香花。

4. 穗坂亲自粉刷的蓝色椅子上，懒洋洋地躺着自己的爱猫。

左侧是灯罩改造的花盆。这盏灯是有纪念意义的新婚物品，没有扔掉而是再利用，与马口铁浇水壶相得益彰。

注重周围环境协调

5. 黑色矢车菊很醒目，从种子开始栽培的地被花卉加勒比飞蓬可爱迷人。

6. 除藤本月季外，还有很多"蒙特贝洛公爵夫人"和"粉妆楼"等柔美的粉色系古典月季，都是树形婀娜又平易近人的品种。

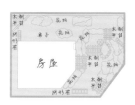

地图

面积：130m²

每月预算：没有特别设定金额

今后计划：多种些宿根草

喜欢的店：绿色画廊花园（东京都八王子市）

现在心仪的绿植：宿根草

第2章

搭配出理想中的场景
选择与月季搭配的花
让庭院更加富有个性

虽然只栽培一种花也是一个选择，
但各种花草混种可以让庭院的表情更加丰富。
下面，将分成可爱、华丽、自然、别致四类，
介绍月季与其他花草的搭配方法。
根据喜欢的风格，来打造能体现自己独特世界观的庭院吧。

通过靓丽的黄色 × 粉色的小花
凝缩世界观

生动的粉色 × 黄色组合营造出有活
力、亲切的画面。浅紫色的假荆芥
和绵毛水苏则让氛围更加沉着。

Pretty

完美营造出可爱
气氛的法则

这个让甜美心情包裹的可爱庭院，
就像来到了梦幻世界一样。
华丽的枝叶和淡淡的花色，
熟练运用可爱的花草
即可打造出心仪的庭院。

乔木周围五彩缤纷
的浪漫花园

橄榄树和枫树周围栽种着大花月季和西班
牙薰衣草、假荆芥。有限的空间变身为浪
漫花园。

婀娜的粉色月季下
生长着形态独特的小草

花姿低垂的粉色月季下是开着无数小花的羽衣草，
互相映衬着各自的可爱。

粉色花海中的童话世界

花朵簇拥在休憩用的椅子周围。粉色月季搭配着木茼蒿、麦瓶草，还有颜色对比强烈的蓝花车叶草，很是可爱。

屏气凝神
欣赏亭亭玉立的纤细花朵与枝叶

浓淡不同的美丽月季花搭配着枝叶招展的铁线莲。在紫色的衬托下，绿色显得更加耐人寻味。

以蓝色为对比色娇柔地伫立

天竺葵在直立月季植株的三分之一处开着花。靓丽的蓝色烘托出淡粉色的甜美世界。

可爱的庭院设计 *Key point*

■ 点缀大量小花，选择不断开放的花

■ 使用淡粉色等柔和的浅色调进行协调

■ 通过枝条纤细、叶子大小合适的华丽线条烘托气氛

重瓣转子莲
Clematis Patens
毛茛科　爬藤植物
花期：4~10 月　植株高：1.2m+
花色：白色、蓝色、粉色、紫色
花朵早且为花形较大的重瓣花。四
季开花，花色、花形丰富。春天，盛
开的大花与月季一起萦绕在拱形架
上，成为一道亮丽的风景。在庭院里
存在感很强，推荐栽种。花不易凋谢，
可以长期观赏。

鬼罂粟
Papaver orientale
罂粟科　宿根草
花期：4~5 月　植株高：60~80cm
花色：白色、淡红、深红、橙色
纤细的花瓣随风舞动，婀娜多姿。花朵
大，可爱又华丽。花色丰富，可以观赏
色彩搭配。植株高，从花坛中央到后侧
花枝招展，让初夏的花坛五彩缤纷。耐
寒，不喜酷热，适合栽种在阴凉处。

Pretty

可爱的花草种类

小花适合营造可爱的气氛。
立足色彩柔和的浅色调，选择线条华
丽的花。通过组合，既可以表现出浪
漫也可以表现出可爱。

毛蕊花
Verbascum
玄参科　二年生草本
花期：5~6 月　植株高：0.5~1m
花色：紫色、粉色、白色
伸长的茎上开着花。叶呈莲座状，易潮
湿，适合通风好的地方。耐寒。花色富
于变化，花姿优雅。比起多种花色混种，
同色系花群栽更贴近自然。建议栽在花
坛后方。

蓝翅草
Phacelia tanacetifolia
紫草科
花期：5~8 月　植株高：60~90cm
花色：淡紫色
茎直立，顶端盛开着淡紫色的铃状花。
羽状复叶和独特的花形引人注目。色
彩柔和，适合与月季搭配。耐干燥，
健壮好养。直根性不宜移栽，最好秋
天播种培育。

紫红柳穿鱼

Linaria purpurea

玄参科　宿根草

花期：5~6 月　植株高：50~80cm

花色：白色、粉色、紫色

植株略高，小花呈穗状，线条纤细优雅，建议群栽以凸显量感。因为颜色柔和，即使混色栽种也非常可爱，可以品味英式花园般的浑然天成。不耐酷热，植株间留有空隙以利通风。

荆芥

Nepeta mussinii

唇形科　宿根草

花期：4~8 月　植株高：30~60cm

花色：白色、粉色、紫色

初夏时节，开满可爱的穗状小花。因为花小，群栽会更有量感。从春天到初夏小花接连盛开，营造出活泼的庭院。掉落的种子也会发芽，尽早修剪就可以开花。健壮好养。

柔毛羽衣草

Alchemilla mollis

蔷薇科　宿根草

花期：5~6 月　植株高：15~40cm

花色：绿色

开着明朗的黄绿色小花，枝叶茂盛，长有细毛。散发着女性的柔美，缓和庭院气氛。丛生，在不开花的季节也可以观赏。种在攀爬在围栏上的藤本月季下面增加华丽感。也有覆盖地表的作用。

耧斗菜

Aquilegia

毛茛科　一年生草本

花期：5~8 月　植株高：15~30cm

花色：红色、粉色、蓝色、黄色

花朵有重瓣的，也有的花萼与花瓣异色，花色多，富有变化，鲜艳美丽。在半阴处也能茁壮成长，适合栽种在月季下面。不耐高温潮湿，应种在通风好的地方。及时摘心不可缺少。

南欧铁线莲

Clematis Viticella Group

毛茛科　爬藤植物

花期：5~10 月　植株高：1.8m+

花色：粉色、蓝色、紫色

4cm 的小花略微低垂。花量大、花期长也是魅力之处。与月季一起牵引在围栏和拱形架上，有更加明朗的感觉。即使在月季花少的季节也开花。耐寒耐热，健壮好养。

老鹳草

Geranium

牻牛儿苗科　宿根草

花期：5~9 月　植株高：30~40cm

花色：蓝色、白色、粉色

蓝色、白色和粉色无论哪种颜色的花都很可爱。虽然植株不是非常高，但枝叶茂盛块头大。避开西晒，适合种在花架及月季下面。也推荐像野草那样进行自然的搭配。

德国鸢尾

Iris germanica

鸢尾科　球根植物

花期：4~5 月　植株高：40~50cm

花色：白色、蓝色、黄色

花量大，粉色、水蓝色、紫色等花色丰富。细微的浓淡变化很美丽。细长的略带银粉的叶子成为庭院亮点。比起单株，群栽更具观赏性。怕积水，宜在排水好的地方培育。

宿根亚麻

Linum perenne

亚麻科　宿根草

花期：5~6 月　植株高：50~70cm

花色：青紫色、白色

颜色柔和的小花、叶和茎。花朵奢华，群栽更能凸显花色的美丽。不喜酷热潮湿，应在排水和通风好的地方培育。种在避风的花架下或者入口处的月季下，更加自然。

柔美中
亭亭玉立

杏色月季搭配同色系毛地黄。白色清纯
的蕾丝花搭配挺拔的花草，增加魄力。

鲜艳的红色与细长的花
呈现热带风

黄色花蕊、花瓣浓艳的月季与
花容独特的毛地黄搭配。鲜艳
的红色与粉色的对比具有南国
画风。

炽热的色彩与高度
呈现奢华感

红色月季搭配植株高的毛地黄，
看起来更加华丽。栽种叶子宽
大的心叶牛舌草增加量感。

Flourish

提升华丽的搭配

正是因为以喜爱的月季为主角，
更有决心突出她的美艳。
尽情搭配有观赏价值的花草，
享受独具自我风格的设计。

**相似的花色
赋予鲜明的印象**

左/红色月季与蓝色高翠雀花、黄色独尾草大胆地搭配在一起。大量的绿色映衬着各种鲜花，形成鲜明的一角。

**暖色小花
营造出可爱与华丽**

右/红色的"猩红妖精"与粉色的"亚伯拉罕达比""芭蕾舞女"搭配着橙色的金鱼草，展现甜美与热情。

**中央搭配浅色
洋溢着异国风情**

花瓣艳丽的铁线莲"鲁佩尔博士"和浓粉色月季中摆放着开满小花的花盆，营造出一条美丽的花园小路。

**平衡甜美突出个性
点缀鲜艳的小花**

浪漫的大花月季中点缀着浓粉色铁线莲。在保留月季柔美的同时，也主张个性。

华丽的庭院设计 *Key point*

- 选择花大且艳丽醒目的花草
- 适合栽种植株高挺、聚焦视线的花草
- 重点突出深粉色等深色花

**五颜六色的花草越长越高
非常华丽**

种类各异的植物逐渐长高，量感十足。高雪轮和羽衣草搭配着穗花婆婆纳和高翠雀花。

转子莲
Clematis Patens

毛茛科　爬藤植物
花期：4~10月　植株高：1.2m+
花色：白色、蓝色、粉色、紫色
花早开且为超过10cm的大花。
花色丰富，春天绽放的花朵与月
季缠绕在一起，非常美丽。也
能攀爬到拱形架旁的围栏和花
架上。种在月季后面增加深度，
让庭院整体更具立体感。

羽扇豆
Lupinus

豆科　二年生草本
花期：4~6月　植株高：30~100cm
花色：红色、粉色、紫色
花密集，呈穗状。花色多，亭亭玉立，线条感很
美。植株高，可以作为庭院的亮点群栽更有魅力。
不耐高温潮湿，适合种在通风好、不西晒的地方。
在花败之前剪去花茎，可以再次开花。

提升华丽度的花草种类

花形和花色能够大幅改变庭院印象。
为看上去艳丽奢华，
可以搭配组合大朵且奔放的花。
选择鲜明的花色，突出鲜明的个性。

风铃草
Campanula

桔梗科　宿根草
花期：5~6月　植株高：15~100cm
花色：紫色、粉色、白色
钟形花，虽然花期短，但花蕾多，
花开不断。花量大，如果多种颜色
混种可以增加庭院的华丽感。另外，
若只在花坛边缘种一种颜色，则会
营造出典雅的氛围。

芍药
Paeonia spp.

芍药科　宿根草
花期：4~5月　植株高：0.7~1m
花色：白色、粉色
花单瓣或重瓣，非常美丽。花色和
花形丰富。有些品种花瓣边缘呈荷
叶状，有"万瓣"之称，花大，观
赏性强。植株高，与花色不同的月
季搭配，给人豪华的印象。可以用
来装饰单调的月季下部空间。

梣叶槭
Acer negundo

槭树科　落叶乔木
花期：4~10 月　植株高：2~6m
花色：绿色

叶子粉色且形状美丽的西洋枫树。到了夏天，叶子渐渐变白，直到变成绿色。秋天可以观赏红叶。颜色柔和的叶子搭配深色月季，非常华丽。5~6 月修剪后，会再次冒出新芽。在半阴处也能生长。

葱花
Allium

百合科　球根植物
花期：4~6 月　植株高：0.25~1m
花色：紫色

小花聚集成硕大的球状。花的大小因品种各异，甚至可以达到10~13cm。种植在花坛后方非常显眼。搭配小花月季，花的大小形成鲜明对比，个性十足。喜光照，健壮易繁殖。

香雪山梅花
Philadelphus × lemoinei 'Belle Etoile'

虎耳草科　落叶灌木
花期：5~6 月　植株高：60~100cm
花色：白色

花单瓣，直径约 5cm，中央有红色花心。散发着浓郁香甜的香气。种在月季后面，营造出优雅的气氛。建议不要过度修剪，观赏其自然的形态。也有叶子上带有美丽斑纹的品种。

大戟
Euphorbia

大戟科　宿根草
花期：4~7 月　植株高：1~3m
花色：绿色

可爱且具有特点的小花。叶子颜色变化多样，生长茂盛，与月季搭配观赏性强。因为植株大，栽种时植株间留出空隙。喜光照好、通风好的环境。不喜潮湿，应种在干燥处。

弯管鸢尾花
Watsonia spp.

鸢尾科　球根植物
花期：5~6 月　植株高：0.3~1m
花色：粉色、白色、红色

细长的茎上盛开着大量喇叭状花，棱角分明的花让人感到可爱。矮品种大约30cm，高品种大约 1m，飞跃出来的姿态在庭院里极其引人注目。向初学者推荐结实好养、适合在秋天栽种的球根。

高翠雀花
Delphinium

毛茛科　宿根草
花期：4~7 月　植株高：1~2m
花色：白色、蓝色、黄色、粉色、紫色

长茎上开着穗状花序。品种繁多，有的单株枝叶繁茂，也有小花品种，宜用作庭院景观设计。数株合种更显华丽。不耐酷暑，在气候温暖的地方为一年生草本。

好望角牛舌草
Anchusa capensis

紫草科　二年生草本
花期：4~7 月　植株高：15~50cm
花色：蓝色

密生的星星状蓝色小花。自然的花姿纤细而华丽。连续不断地盛开点缀庭院，也推荐作为庭院其他花色的对比色。喜日晒，但不耐酷暑，适合种在通风良好、月季下部空间阴凉处。

毛地黄
Digitalis purpurea

玄参科　二年生草本
花期：6~7 月　植株高：0.5~1m
花色：白色、蓝色、黄色、粉色

长茎上开着穗状花序，花朵呈吊钟型，内面带斑点。花多，任何颜色都易搭配。植株高且花独具特色，即使在华丽的月季花园也非常引人注目。在与月季的组合中，能突出立体效果，让庭院韵律十足。

Natural

营造自然气氛的技巧

植物所带来的开放感和愉悦感，
对于我们来说是无法替代的。
为了使效果更加自然，
尝试营造让人联想到草原的气氛。

不同种类的花通过低调的色彩
呈现一体感

在鲜艳的月季前栽种着欢快的林荫
鼠尾草和老鹳草。低调的色彩孕育
出自然的气氛。

大朵白色月季
搭配存在感十足的绿叶

高挑的月季植株下部空间
容易单调。优雅的白月季
搭配鲜明的箱根草，优雅
的姿态与周围完美地协调。

栽在高挑的月季下部空间
覆盖草丛以平衡布局

直立月季周围栽种着同色的萱
草，搭配着像喷泉般枝条垂落
的箱根草，充满韵律，体现高
度与量感的完美平衡。

轻柔的月季搭配随风
摇摆的灌木

姿态柔美的"芭蕾舞女"
下生长着加勒比飞蓬、玉
簪和马鞭草。随风飘舞的
姿态能够舒缓心情。

自然的庭院设计 *Key point*

■ 适合随风摇摆、线条纤细的种类

■ 枝条茂盛的花草酝酿出自然的气氛

■ 花逐渐绽放，开满整个植株

野性的月季下面奔放地
盛开着花草

有力延伸着枝条的月季下搭配着
枝叶细腻的覆盆子。奔放的姿态
与月季相配，充满一种野性。

花儿亭亭玉立
犹如在大草原上

爬藤架上攀爬的月季周围栽种着淡淡的虞
美人和蓝色的矢车菊。就像在草原上一样。

开着小花的灌木丛
带来柔和的气氛

左 / 红色和粉色月季盛开
的小路上栽种着可爱的小
雏菊，衬托鲜艳的月季花，
增添柔和的印象。

引人注目的华丽月季
与绿叶

右 / 高贵伫立的大朵月季通
过搭配改变了风格，很有
趣。纯白色铁线莲和细腻
的蕾丝花呈现柔美的印象。

薰衣草
Lavandula
唇形科　多年生草本
花期：4~8 月　植株高：20~50cm
花色：紫色、白色
香气浓郁，茎的顶部聚集着小花。
生长茂盛，最适合栽在月季下面。
与杏色月季搭配营造出优雅、自然
的气氛。不耐高温潮湿，应种在排
水、通风好的地方。在入夏前，将
枝叶修剪通透。

忍冬
Lonicera
忍冬科　匍匐茎灌木
花期：6~8 月　植株高：3~5m
花色：黄色、粉色
茎顶端长有 10 来朵鲜艳的筒形花。
香气浓郁，个性欢快。喜光照，与
月季一起缠绕在花架上非常华丽。
与杯状、莲座状等圆润的月季搭配
可以互相衬托。耐寒，健壮好养。

Natural

贴近自然的花草种类

像由自然掉落的种子长成的一样，
各色植物组成不规整的自然风庭院。
纤细可爱的花草，
随风摇摆。
通过与月季组合，
也增添了华丽的气氛。

蓝花矢车菊
Centaurea cyanus
菊科　一年生草本
花 期：4~6 月　植 株 高：0.3~1m
花色：蓝、粉
代表花色是鲜艳的蓝色，花瓣边缘
有流苏状锯齿。用自然掉落的种子
繁殖，营造出自然的氛围。花茎被
白色茸毛，与花形成鲜明对比，有
效烘托庭院风格。应种在通风好的
地方，注意避免阴湿。

毛剪秋罗
Lychnis coronaria
石竹科　宿根草
花期：5~8 月　植株高：30~80cm
花色：桃红、白、淡粉
被白毛的柔和的银色叶子给空间
增添了个性。伸展的枝条上有很
多花蕾，在夏日里次第盛开。喜
光照、通风好的地方，花开败后
及时摘去枯花。香气朴素，给人
柔美、自然的印象。

麦仙翁

Agrostemma githago

石竹科　一年生草本

花期：4~5 月　植株高：0.6~1m

花色：粉色、白色

花瓣边缘外卷，十分可爱。自然掉落的种子更易茁壮成长，花开不断。也可用来装饰月季植株下部。茎纤细易折，需要屏障。花开败后及时摘去枯花，可以长时间赏花。不要过度施肥。

车叶草属

Asperula

茜草科　一年生草本

花期：4~7 月　植株高：25~30cm

花色：蓝色

欢快的蓝紫色小花聚集在茎上部。分枝多，茂盛。群栽呈现量感，很漂亮。不喜潮湿，种植在光照、通风、排水好的花坛边缘。覆盖地表，与月季搭配效果佳。

飞蓬属

Erigeron

菊科　宿根草

花期：4~9 月　植株高：15~30cm

花色：白色、粉色

白色花瓣会逐渐变成粉色，接连开花，可以观赏两种花色。健壮，甚至在砖块中间生长的植株也能开花。自然掉落的种子不断发芽，是常见的地表植被。种在月季下部空间，可以广泛覆盖地面。临近夏天，应剪掉枝叶，保持通风。

蕾丝花

Orlaya grandiflora

伞形科　一年生草本

花期：4~6 月　植株高：50~60cm

花色：白

许多小花聚集在一起开放。白花适合与各种花色的月季搭配。植株逐渐长高变大，栽在花坛后面可以填补花草间的空隙。栽在下垂的藤本月季下面，与月季一起营造出柔和的气氛。

罂粟属

Papaver

罂粟科　一年生草本

花期：5~6 月　植株高：30~50cm

花色：黄、橙、白

花蕾时花瓣朝下，随后有如和纸般轻薄华丽的花瓣向上盛开。花朵有单瓣和重瓣的。明亮的黄色和橙色等维生素色装饰着初夏的花坛。多种颜色混种也很可爱。不耐酷暑，自然掉落的种子也容易繁殖。

林荫鼠尾草

Salvia nemorosa

唇形科　宿根草

花期：5~10 月　植株高：40~60cm

花色：蓝色

清爽的蓝色小花密集地附着在长长的花茎上。花期长，剪掉凋零的花，可以从春天开到秋天。种在月季下面可以有效覆盖地表。也建议种在路边花坛。不耐酷暑，但耐寒，健壮易繁殖。

母菊

Matricaria recutita

菊科　一年生草本

花期：4~7 月　植株高：15~30cm

花色：白

白色花瓣和黄色花心的对比极其可爱。掉落的种子也可自然地繁殖，散发着甜甜的青苹果的香味。经常作为搭配花，种在月季周围引走蚜虫，使月季免于虫害。

黑种草

Nigella

毛茛科　一年生草本

花期：4~6 月　植株高：40~80cm

花色：蓝、粉

细细的线状叶及薄薄的花瓣构成娉婷的花。群栽更有魅力，犹如泛着彩霞般如梦如幻。多种花色混合栽在月季周围，非常自然。变成种子后的姿态很有趣，在庭院里引人注目。

Chic

营造别致气氛的诀窍

谁都憧憬置身于
优雅、精致的庭院中。
让我们一起使用沉稳色调的花草
来营造放松的空间吧。

鲜艳的红色和紫色大胆
营造出精美的印象

攀爬着的粉色"蓝蔓"和红
色"天竺葵"非常艳丽。明
艳醒目的花色营造出成熟的
庭院风格。

各种古典气质的花围
绕着白月季十分典雅

左／圣洁的纯白色月季旁
边搭配着色彩浓郁的德国
鸢尾。紧致的紫色让空间
散发出高冷与静谧之感。

形状独特的铜叶
展现可爱和精致

右／粉色月季下面栽着叶
子形状独特的矾根。不同
但可爱的两者不可思议地
组合在一起，形成精美的
景致。

深色小花 × 多肉植物
洋溢异国风情

楼斗菜和天竺葵、野芝麻
等深色小花搭配着多肉
植物景天，添加了沉稳及
民族风格。

优雅上等的花草
风情万种

叶子挺立的孔雀木和开
着淡紫色花的绵毛水苏
搭配着娇羞的野蔷薇，
散发出优雅的气质。

两种高贵的月季通过
感觉相近的花连接起来

红色 × 粉色古典风格的
月季组合给人难以亲近的
印象。可爱的铁线莲极力
绽放的花瓣和黄色花心迎
合了这个风格。

别致的庭院设计 *Key point*

■ 搭配铜叶、银叶等色调沉稳的观叶植物

■ 选择紫色等深色花营造气氛

■ 通过深邃、有质感的花和叶保持整体性

通过浅色纤细的绿叶
展现柔美和楚楚可怜感

浅色的大花月季跟淡色系花草
很搭。下面栽种着密集的朝雾
草，深处的彩叶杞柳茂盛生长，
引人遐想。

有魄力的铜叶乔木
通过搭配小花增加乐趣

有存在感的欧洲枫叶周围栽
种着大花月季、铁线莲和钓
钟柳，增添了欢快感，使整
体很协调。

无毛风箱果
Physocarpus opulifolius
蔷薇科　落叶灌木
花期：5~7 月　植株高：1.5~1.8m
花色：粉色
叶子是接近黑色的暗紫色，在长有紫叶的树木中也是特别美的品种。叶色与初夏盛开的手鞠球状花的颜色形成绝妙的对比，给庭院增添沉稳与深邃感。施肥过多颜色会变差，要加以控制。

亚洲络石
Trachelospermum asiaticum
夹竹桃科　常绿攀缘灌木
花期：5~6 月　植株高：2m
花色：白色
从枝条各处生出的藤蔓缠绕着篱笆和树干不断延伸。健壮好养，最适合做地被植物。芬芳的星状白色花与红叶也很有魅力。可以在半阴处生长，也可以栽在阴影处的墙壁及角落。萦绕在大朵月季及花架上互相衬托。

Chic

展现优雅的花草种类

栽满淡雅低调花草的庭院
散发着成年人般的沉着。
有效利用观叶植物
增加量感和华丽感。

绵毛水苏
Stachys byzantina
唇形科　宿根草
花期：5~7 月　植株高：15~80cm
花色：粉色
银绿色叶上密被柔软绵毛。夏天盛开高挑的粉色花，让庭院充满动感。银色叶与粉色花的搭配给人稳重、华丽的印象。与月季混合栽种也很美。

橐吾
Ligularia
菊科　多年生草本
花期：8~10 月　植株高：1~1.5m
花色：黄色
有存在感的叶子搭配黄色花，十分醒目。喜半阴，点缀在角落及花架、树根处。大大的叶子覆盖地面，在淡季也可以装饰庭院。黄色的花使背阴处变得活泼。耐酷暑和严寒，健壮好繁殖。

大星芹
Astrantia major
伞形科　宿根草
花期：5~6 月　植株高：30~50cm
花色：白色、粉色

聚集成半球形的小花，后面有锯齿状花萼，看起来像花瓣。可爱的粉白色小花适合搭配古典月季。线条纤细，群栽在月季下面效果更佳。在明亮的半阴处生长旺盛。

黄栌
Cotinus coggygria
漆树科　落叶灌木
花期：6~7 月　植株高：3~5m
花色：粉色、绿色

如烟雾般轻柔的花序引人注目。有长着酒红色、绿色花序的品种，让气氛充满幻想。因为植株高，种在庭院深处紧挨着攀爬在墙壁上的月季，十分醒目。具有观赏价值的圆形叶子颜色雅致，看起来很美丽。

石竹
Dianthus
石竹科　宿根草
花期：4~6 月　植株高：15~50cm
花色：红色、粉色、白色

顶端开有明亮的花，花瓣边缘有细裂。花朵随风摇曳风情万种。茎细长的品种与月季一起栽种突出线条感。低矮品种茂盛有量感。无论哪种都舒缓了庭院气氛。

蜜蜡花
Cerinthe major
紫草科　一年生草本
花期：4~7 月　植株高：30~50cm
花色：紫色

钟状花朝下盛开。中央有花纹的叶子与银色观叶植物很配。灯笼状有光泽的深紫色花适合打造优雅的庭院。植株会越长越大，种植时注意留出空隙。及时摘去枯花，可以长期赏花。

钓钟柳
Penstemon
车前科　宿根草
花期：5~8 月　植株高：30~50cm
花色：粉色、紫色

花色富于变化，开有很多钟状花。明亮的花色让庭院十分华丽。花茎纤细，洋溢着自然的气氛，种在庭院各处效果都不错。不喜潮湿，应种在排水好、光照好的地方。及时摘去开败的枯花。

杂交鸢尾
Iris hollandica hybrids
鸢尾科　球状根
花期：4~5 月　植株高：40~80cm
花色：白色、黄色、蓝色、紫色

长有细叶及端正的花形，像成年人一样沉稳地伫立。纤细的花茎上盛开着数朵清爽的花。混аж栽种浓淡不同的花色也很漂亮。因为细长缺乏量感，群栽可提高观赏性。健壮好养，几年不加打理也无碍。

矾根
Heuchera
虎耳草科　宿根草
花期：5~7 月　植株高：15~30cm
花色：红色、粉色

叶子颜色种类多，雅致的色调给庭院带来沉稳的印象。多种矾根相邻栽种，点缀月季下部空间。叶子形状呈流苏状或锯齿状，适合栽种在庭院前部。

彩叶杞柳
Salix integra hakuronisiki
杨柳科　落叶灌木
花期：4~7 月　植株高：1m+

春天吐芽时很漂亮，增添庭院的华丽感。新芽带有粉色，逐渐变成乳白色，最后变成绿色。种在月季后面，起到烘托的作用。因为叶色清淡，推荐搭配深色花。为避免长得过大，需定期进行修剪。

即使不华丽，展现风格也乐在其中

月季有一年4次开花的四季月季、秋天再次开花的反季月季和直到次年春天不再开花的一季月季。在花期重叠的春天，百花争艳，景色壮观，但过了这段时期就开始变得冷清。

春天过后月季花减少，通过搭配当季花卉让庭院多姿多彩吧。

● 夏

在夏天，绿叶颜色较春天更浓重也更多，略感沉重。搭配色彩鲜艳、线条纤细的品种可以给庭院带来明亮与轻快。打造有风格的庭院吧。

选择这样的植物！

夏
● 明亮轻快的观叶植物和花卉

秋
● 鲜艳的花卉
● 姿态柔和有量感的花卉

冬天到初春
● 颜色美丽的花卉
● 初春开花的小球根类花卉

春天以外的季节也姿态万千

选择月季不开花时期的花草

[夏 · 秋 · 冬 · 初春]

春天的庭院肯定华丽多彩。
但是，花枯萎了后，
只有四季月季会再次开放。
你是不是有过这样的经历，
在春天以外的季节，
也想让庭院五彩缤纷？
如何巧妙地度过没有月季的季节，
这里将介绍选择花草的诀窍。

● 秋

到了秋天，绿油油的叶子渐渐蜕变为沉稳的色调，让人感到萧瑟。于是搭配月季般华丽的花卉及有量感的植物，让庭院富有生机。

与春天相同，考虑花色及植株延展的方向，来选择合适的植物。

● 冬天到初春

冬天草木凋零，是庭院最寂寞的季节。月季枝条被剪短，大部分宿根草也枝叶枯萎进入休眠状态。这个时期，在月季、宿根草之

间栽种一年生草本植物和球根花卉以增添色彩，欣赏可爱的庭院吧。

到了春天，春天开花的宿根草吐露新芽的时候，冬天供我们观赏的花草容颜已逝，华丽的春天植物开始登台亮相。

山桃草
Gaura lindheimeri
柳叶菜科　宿根草
花期：5~10月　植株高：0.6~1.2m
花色：白色、粉色
茎长，顶部开有小花。花期长，不断长出小花。随风摇摆的柔软姿态也增添了自然的气氛。喜光照，要注意如果通风差容易干枯。容易伏倒，宜种在宽敞的地方。

大丽花
Dahlia
菊科　球根植物
花期：5~10月　植株高：0.2~1.3m
花色：白色、红色、粉色、黄色、紫色
有单瓣的单生花，也有像绒球一样的重瓣花，花形与花色富于变化。如果与月季搭配，选择大花更加华丽。植株高的品种在花架下或者花坛里也能起到烘托的效果。花期长也是魅力所在。

柳叶马鞭草
Verbena bonariensis
马鞭草科
花期：6~10月　植株高：1m
花色：粉色
细长的茎上开有手鞠球状小花。因为植株高，适合种在庭院后方。小花填充了空间，与月季搭配十分美观。叶子长在下面，不会扰乱视觉。易被风吹倒，如果有支架会更放心。花期长，健壮好养。

适合夏天到秋天的花草

一边期待着来年春天欣赏月季的力压群芳，一边用可爱的花卉点缀庭院吧。郁郁葱葱的夏天选择轻快的花卉，落叶纷纷的秋天选择有量感的花卉。可以在与月季不同风格的庭院里度过美好的时间。

苏丹凤仙花
Impatiens walleriana
凤仙花科　一年生草本
花期：5~10月　植株高：10~20cm
花色：红色、粉色、白色等
花色柔和的品种很多，特点是也能在半阴处生长。种在庭院深处阳光照不到的角落里，能够消除阴暗的印象。植株逐渐长大枝繁叶茂，种在月季周围可以覆盖裸露的地面，提高观赏性。

萱草
Hemerocallis
百合科　宿根草
花期：6~8月　植株高：30~90cm
花色：橙色、黄色、红色、淡黄色
花色和花形丰富，生性强健，一段时间放置不管也无妨。又被称作"忘忧草"，花朝开夕落，但一枝花茎上有很多花蕾，会接连不断地盛开。群栽在花坛里，五彩缤纷。宜种植在光照、排水好的地方。

乔木绣球"安娜贝尔"
Hydrangea arborescens 'Annabelle'
虎耳草科　落叶灌木
花期：6~7月　植株高：1~3m
花色：白色
是绣球花近亲，可以欣赏其从花苞
到绽放，花色由绿色渐变到浅绿、
白色的姿态。喜潮湿的半阴处，光
照强的地方应覆盖薄膜以防干枯。
即使栽在花架阴影处，白色的大花
也非常醒目。柔和的颜色可以与任
何花卉搭配。

玉簪
Hosta
百合科　宿根草
花期：6~9月　植株高：15~60cm
花色：白色
叶子蓝灰色或带斑纹等，品种多
样，不开花的时期也可观叶。在
半阴处也能茁壮生长，叶子长大
的植株也适合栽在庭院深处。明
亮的斑纹弥补了昏暗的印象。叶
子小的栽在花坛边缘可以起到衬
托其他花卉的效果。

雪滴花
Galanthus
石蒜科　球状根
花期：2~3月　植株高：约10cm
花色：白色
水滴般清纯的白色小花低垂。植
株低矮，可点缀植株下部空间。
花小，群栽更有存在感。不畏严寒，
栽着不管次年也能开花。不耐酷
暑，直到休眠期种在通风好的半
阴处。

秋牡丹
Anemone hupehensis var. japonica
毛茛科　宿根草
花期：9~10月　植株高：50~80cm
花色：白色、粉色
有着像花瓣一样的萼片，楚楚可怜。
也有重瓣的品种。细茎顶部开着花，
硕大的叶子覆盖地面。喜欢稍微湿
润的土地及半阴处，适合不受西晒
的入口边缘。种在月季下部空间，
可打造出自然的气氛。

斑茎福禄考
Phlox maculata
花葱科　宿根草
花期：6~8月　植株高：60~90cm
花色：粉色、白色、紫红
有的花瓣上有筋络和镶边，种类丰
富。花像金字塔状密集开放，十分
美丽。与月季搭配，庭院更显华丽。
植株较高，适合种在庭院后方。在
半阴处也能生长开花，观赏期长。

适合冬天到初春的花草

人人都向往一年里花开不断的庭院。
正值萧条的冬天，用生命力旺盛的小球根
滋润这个季节吧。自然更替的花卉让庭院
丰富多彩。

仙客来
Cyclamen persicum
报春花科　球根植物
花期：9~5 月　植株高：10~15cm
花色：粉色、红色、白色、紫色
花瓣向上翘，宛如静止的蝴蝶，十分可爱。不同颜色搭配着栽种很活泼，让植株下部空间更加明亮。不喜水，不要向花和叶浇水。耐寒，喜光照充足的环境。精心摘去开败的花会促进再次开花。

三色堇
Viola tricolor var.
堇菜科　一年生草本
花期：11~5 月　植株高：10~20cm
花色：紫色、黄色、红色、粉色、白色
花全开花径可达 8cm。花色丰富，花期长，观赏性强。植株低矮，生长旺盛，可以覆盖地表。喜日照充足的环境，及时摘去枯花并定期施肥，花会不断盛开。健壮好养。

水仙
Narcissus
石蒜科　球根植物
花期：12~4 月　植株高：15~40cm
花色：白色、黄色
花香浓郁，亭亭玉立，十分美丽。簇生、喇叭形、重瓣等种类丰富。茎叶分明，群栽效果也不错。靓丽的花色让庭院绚丽多彩。健壮好养，可以存活数年。叶在枯萎之前不要剪去。

欧石南
Erica spp
杜鹃花科　常绿灌木
花期：12~5 月　植株高：30~50cm
花色：粉色
可爱的粉色小圆花开满枝条。不耐冬季寒风和夏季酷暑。注意开花期间不要缺水。种在月季萦绕的拱形架及花架下面，可以避免阳光直射，同时与拱形架等融为一体，呈现出华丽的气氛。

铁筷子
Helleborus
毛茛科　宿根草
花期：2~4 月　植株高：20~50cm
花色：白色、粉色、绿色、紫色、黄色
花形、纹理和开花方式多种多样，很有魅力。花朵低垂，楚楚可怜。在花少的时期绽放，观赏期长。在半阴处也能生长，可装饰植株下部空间。常绿叶子在月季开花时期覆盖地表，衬托花色。喜通风好的地方。

番红花
Crocus
鸢尾科　球根植物
花期：2~3 月　植株高：8~10cm
花色：白色、黄色、紫色
是初春少有的开花品种。花开过后枝叶繁茂，几年不管也无妨。植株低矮，花不大，几株群栽相互映衬。种在庭院边缘、植株下部空间等各处，突出一种自然的气氛。耐严寒，健壮好养。

岩白菜
Bergenia
虎耳草科　宿根草
花期：2~3 月　植株高：20~30cm
花色：粉色
茎顶端盛开的小花在深绿色厚叶的掩映下熠熠生辉，可种在角落、篱笆等处。莲座状绿叶覆盖月季根部的地面。耐寒，健壮好养注意不要过于潮湿。

杂交报春花
Primula juliae hybrid
报春花科　一年生草本
花期：12~4 月　植株高：8~15cm
花色：红色、黄色、粉色、紫色、橙色
花形、花色丰富，选择的种类不同风格也不同。耐严寒，花期长，适合装饰冬天到春天的庭院。在花少的季节覆盖地表，让庭院色彩明亮。种在光照、排水好的环境，应及时摘去枯花。注意不要过于潮湿。

第3章

{这样的人适合这样的月季花!}
月季达人推荐的最佳品种

京阪园艺
小山内健

大野耕生

日本三越总店总馆露台"切尔西花园"
有岛薰

月季达人

在"京阪园艺"工作，被称为园艺界的"月季侍酒师"，在全国各地进行月季讲座及演讲。以NHK《趣味园艺》的讲师为主，广泛活跃在电视节目、各种园艺杂志上。

月季设计师，一边从事全国各地的月季花园设计、栽培，一边面向初学者开展演讲，传授简单的栽培方法及月季的魅力。以NHK《趣味园艺》为主，除了参加电视、电台节目，还进行书籍的写作及编辑。

月季顾问，受祖母的影响，从小开始接触月季。因小型月季盆栽获奖无数的月季名人。不被既有概念所束缚，通过自由创意，进行简易、愉快的月季栽培。经常出席演讲会、讲座及杂志访问等，还从事写作及书籍编辑。

数据品种：月季的分类及特性/花的大小/花形/植株高矮/香气

春、夏、秋都能观赏的月季品种

希望长时间欣赏月季花开的景色！
向这样的人们推荐盛夏也能开花的品种。花开不断，庭院色彩纷呈。

有岛

"寓言"
S 四季月季/大花/莲座状/0.9m/强烈的大马士革香
华丽的绯红花色随着绽放带上紫色。花开败后进行修剪，会从伸展的枝条上再长出花苞，夏天也会开花。分枝多则不会肆意地向上生长，可以一边修剪花开败后的枝杈一边塑造树形。树形小巧，能够开满花。

村上

"春乃"
FL 四季月季/中花/莲座状/1.2m/中香
在无农药也能大量开花的竞选中获得银奖。典型的四季开花的直立型，有着娇小的树形。香气芬芳，超凡脱俗。在评价香气的竞赛中也获得银奖，是优秀的新品种。

"轻松时刻"
FL 四季月季/中花/锯齿状/0.9m/浓香
一大簇一大簇的鲜艳的橙色花在庭院里独领风骚。花瓣形态因季节、气温富于变化，可以欣赏其丰富的花姿。开花比较早而且会反复开放。强健好养，也适合新手。

松尾

"巴黎"
S 四季月季/中花/莲座状/0.8m/浓香
裸粉色花色上像烙印般点缀着深粉。轮廓不规则也是其魅力之一。散发着浓郁香甜的洋梨果香。直立的娇小树形耐病性好。耐高温，夏天开的花也很可爱，一年四季都开花。

大野

小山内

"雅"
HT 四季月季/大花/剑瓣~大丽花型/1.2~1.4m/微香
开始时是月季粉，随着绽放变为带淡粉的鲑肉色。花姿由矜持变为层次饱满的大丽花型，表情富于变化。易开花，生长健壮，能反复开到秋天。叶子是略带红色的深绿色。枝条呈半直立型。

后藤

"黄芙蓉"
S 四季月季/中花/单瓣/1.0m/微香
浓淡相宜的鹅黄色单瓣花楚楚动人。成簇绽放，也散发着契合和式庭院的风情。展现了灌丛月季原本的美丽，通过修剪来控制树形。夏天为了避免中央拥挤，应进行修剪。

月季分类：HT= 杂交麝香月季，FL= 丰花月季，S= 灌木月季，CL= 藤丛月季，SCL= 半藤本月季，MinCL= 微型藤本月季

月季知识渊博的6位"月季达人"讲述了不同条件下推荐的月季。除了符合各种条件，容易繁殖也是重要的选择标准。为了实现理想的月季花园，这里齐聚了各种优秀品种。

京成玫瑰园
村上敏

"京成玫瑰园"首席园艺师，供职于月季品种改良、销售、海外咨询等多个部门，掌握了渊博的知识。现在所属园艺部，向爱好者建议简单的月季栽培方法。作为讲师参加NHK《趣味园艺》，解说月季及花草的栽培方式。

京都·洛西松尾园艺
松尾正晃

"松尾园艺"董事长，在店铺内每季度开设不同级别、不同时间段的月季课程，广受好评。对难度高的品种栽培方法进行简单易懂的解说。几年前参与英国"Harkness Roses"的选拔及试种，在高温多湿的京都进行各种试种。

小松花园
后藤绿

月季专卖店"小松花园"董事长，通过有机栽培培育优质品种的提议广受好评。在山梨县实体店"ROSAVERTE"开设实践型月季培育课程，担任NHK《趣味园艺》讲师。著有《藤本月季＆半藤本月季》（诚文堂新光社）、《初次月季栽培12个月》（家之光）等。

在小空间也能够大量开花，适合盆栽的月季品种

"也想在阳台或露台培育月季！"
以下是适合盆栽、造型袖珍、开花好，一盆花就存在感十足的品种。

大野

"千层酥"
S 四季月季 / 中花 / 莲座状 /
0.8m / 中香
黄色底色上任意地点缀着婴儿粉，充满女人味的花姿。粉香，轻轻散发着月季香及茶香。略微延展的袖珍圆形树形，整株开花，从春天持续开到秋天。在阳台等进行盆栽。

村上

"杏奈"
FL 四季月季 / 中花 / 半剑瓣 /
0.7m / 微香
植株娇小，适合在花盆里培育观赏。虽然属小型品种，但生长旺盛，建议随着生长逐渐换到8~10号花盆。有着月季典型的花形，盛开也保留着柔美的气质。秋天开的花会因温差而使花色加深，很美。

"粉色富饶"
FL 四季月季 / 中花 / 圆形重瓣 /
0.9m / 微香
花名的"富饶"有"大量"的意思，开花多，能够反复盛开。鲑鱼粉的簇生花，培育几年花可压满枝头。植株矮、紧凑，最适合盆栽。抗病性强，初学者也可轻松培育。

松尾

"夏莉法阿斯马"
S 四季月季 / 大花 / 莲座状 /
1.5m / 浓香
将古典月季的美原原本本地带给了现代月季，因独特的优美气质而备受喜爱。叶子上叶脉鲜明，衬托出温柔的婴儿粉花色之美。果香的香气也很优雅。在花盆里培育也能长出好看的树形，疏于管理也可健壮地生长。

后藤

小山内

"易威奇（iwari）"
FL 四季月季 / 小花 / 杯状 /
0.6~0.8m / 微香
春天是柔和的米黄色，秋天颜色加深为棕色，是米黄月季中开花最多的品种。喷雾状花簇，摇摇欲坠。花期长，一朵花可以欣赏2~3周。除了庭栽，也适合盆栽，容易繁殖。

有岛

"葵"
FL 四季月季 / 中花 / 杯状 /1m /
微香
花色范围广，从品红、紫色到浅粉，秋天会变成带有杏色的深褐色。花瓣略带褶皱，形成喷雾状花簇。用2~3年时间认真培育，则耐病性强，一朵花可持续2~3周，植株丰盈。

耐病虫害的月季品种

说起月季，经常被认为是易受病虫害的侵害，对初学者难度大。
这里将选择病虫害防治负担较轻、健壮的品种。

"雪明"

MinCL 一季月季（反季性）/ 小花 / 绒球状 /
2.0m/ 微香

抗病性强，不需要喷洒农药。数朵洁白清纯
的花成簇盛开。小花连着枝条，用力地绽放，
突出线条感，可以尝试不同的造型。如果植
株健壮，二次开花也可以像春天一样美丽，
秋天也会开花。

"芽衣"

MinCL 一季月季（反季性）/ 小花 / 绒球状 /
2.0m/ 微香

抗病性强，不施农药也可生长，耐严寒。柔
软的枝条不断伸展，容易牵引，可塑造美丽
的外形。绒球状小花紧挨枝条，容易造型。
虽然是一季月季，如果在寒冷的地方历经数
年也能植株健壮，反季性强。

"贝芙丽"

HT 四季月季 / 大花 / 高心剑瓣 /1.2 ~ 1.5m/
浓香

在以无农药也能大量开花为评判基准的竞赛
中获奖，是经过验证的强健品种。耐高温，大
花反复开放可欣赏到秋天。也是在评判香气
的竞赛中获奖的稀有月季，切花可装饰房间，
馥郁芬芳，有满满的幸福感。

"奥莉维亚·罗斯·奥斯汀"

S 四季开花 / 中花 / 莲座状 /1.5m/ 中香

抗病性强，在英国月季当中获得很高的评价。
杯状花蕾随着盛开变成浅杯状的莲座状，像
古典月季般亭亭玉立。通透的薄粉色花散发
着沁人心脾的果香。

"诺瓦利斯"

FL 四季月季 / 中花 / 杯状 /1.5m/ 微香

在稀有的紫色系品种中也被认为抗病性强，
是广受好评的品种。花瓣数量多，花瓣顶部
带尖是其特征。就像以德国"蓝花"诗人所
命名一样，蓝色的花色充满着魅力。枝条硬朗，
可以塑造刚健的外形。

"红色·莱昂纳多·达·芬奇"

FL 四季月季 / 中花 / 莲座状 /1.5m/ 微香

如果光照和土壤条件好，不喷洒农药也能健
壮地生长。耐严寒酷暑，即使不管也可以开
到秋天。可毫不勉强地与宿根草混栽，作
为花坛主角营造向往的月季花园。豪华的红
花随着盛开逐渐带上粉色。

"热带果露"

FL 四季月季 / 大花 / 抱心状 / 1.2~1.5m/ 中香

从有深度的黄金色花瓣柔和地卷曲开始，随
着盛开花瓣逐渐带上橙色、红色、粉色。华
丽地簇生，枝条健壮的话一枝可以长 5~12 朵
花苞。耐严寒酷暑，在干旱的地方也能生长。
荣获"第一届岐阜国际月季大赛"金奖。

"简单 生活"

CL 反复开花 / 中花 / 单瓣 /1.8m/ 微香

抗病性、耐热性卓越，生长旺盛，即使遭受
虫害也能立刻恢复。此外，直到夏天枝头也
有花开，一直开到晚秋。枝条略微横向延伸，
可以欣赏放射状的自然树形，也适合像藤本
月季那样造型。有辛辣的香气。

"花宫娜"

S 四季月季 / 大花 / 深杯状 /1.2m/ 浓香

可爱的粉色大花有存在感，花茎结实，容易
造型。冠以南法香水公司之名正是因为有着
浓厚的果香。植株大，直立性好，抗病性强，
也推荐给新手！

适合拱形架的藤本月季品种

园艺爱好者所憧憬的月季萦绕的拱形架。
下面将介绍容易牵引、柔韧月季中最为推荐的品种。一定作为焦点。

"玛格丽特王妃"

S 反季开花 / 中花 / 莲座状 /2.5m/ 浓香

牵引在拱形架上，会更好地发挥此月季的魅力。3~5朵杏色~橙色的大花簇生，随着开花会低垂，牵引在高处刚刚好。容易折断，伸展前应事先决定牵引的方向。

"法国月季"

S 四季月季 / 大花 / 莲座状 / 2.5m/ 微香

经常长出老枝，牵引在拱形架上非常华丽。散发着古典气质的维多利亚粉色花由杯状逐渐变为莲座状。开花后从花中央可以窥见粉色略带棕色，花色随季节不断变化。花量大，花期长。

"覆盆子伯尼斯"

CL 反季开花 / 中花 / 圆瓣莲座状 / 2.5~3m/ 微香

适合拱形架造型的3大特征：①刺少，牵引轻松；②枝条柔软，可以随意造型；③即使不折弯也大量地开花，即使经验不是很丰富也能够呈现美丽的造型。有青苹果香气。

"繁荣"

S 反季开花 / 中花 / 圆瓣 /2.5m/ 中香

浅粉色花蕾绽放后变为纯白色花。花簇大，非常华丽，花期长，不易凋零。容易培育，耐阴，在光照不到半日的地方也能生长。不只春天，秋天也能大簇开花。

"奥德赛"

S 四季开花 / 中朵 / 半重瓣~莲座状 /1.6m/ 强香

春天开紫红色花，夏天变为大红色。花呈带褶皱的半重瓣~莲座状，混合着大马士革香与果香，香气浓郁。非常健壮的月季，枝条细长地伸展，花一直到秋季，大力推荐。耐黑星病。

"冷翡翠"

CL 反季开花 / 中花 / 圆瓣杯状 / 1.2m/ 微香

引人瞩目的华丽红月季，一根茎上横向盛开数朵花，簇拥在拱形架上外观出众。即使径直向上牵引枝条也会从低处开花，初学者也屡试不爽的优秀藤本月季。花期长，一朵花长时间开放，打理也轻松。

"梦少女"

MinCL 反季开花 / 小花 / 绒球状 /2.0m/ 微香

因圆环造型而被熟知的微型藤本月季。枝条柔软，适合各种造型。花色会由粉色逐渐变淡，有层次感，人气高。第一次花开败后，剪掉枯花会反季再开。另外，在寒冷的地方也像四季月季一样反季开花，可以长时间观赏。

"卢森堡公主西比拉"

S 四季开花 / 中朵 / 平展 /1.5m/ 浓香

作为小型灌丛月季，非常适合拱形架造型。虽然刺又多又细，但枝条韧性好，容易处理。深色紫红色即使在夏天也不褪色，花瓣不易受伤。花心微微泛白，辛辣的香气也是魅力所在。

"堡利斯香水"

SCL 四季开花 / 小花 / 绒球状 / 1.5m~/ 中香

小花聚成葡萄状花簇骄傲地绽放。枝条不会过于伸展，柔韧易造型，适合拱形架、围栏、爬藤架等，用途广泛。也容易与其他藤本月季及植物搭配，花香扑鼻，一定要试着从它下面走过。

想让花园弥漫着月季花香

月季除了拥有美丽的花容，还散发着馥郁的花香。
从中~浓香品种中，分别选择了不同香气的品种，容易培育也是它们的特点。

"奥德赛"

S　四季开花 / 中花 / 波形莲座状 /1.6m/ 强香

有着浓郁的古典月季大马士革香气。花瓣呈波状、半重瓣的莲座状，是其独有的特色。花色在春天、晚秋等低温季节呈现略带紫的黑红色，在温度高的季节紫色褪去变成深红色。树形瘦削，在小空间也能培育。

有岛

后藤

"安布里奇"

S　反季开花 / 中花 / 杯状 /0.8m/ 强香

枝头开有 1~5 朵花的花簇，散发着牛奶般魅惑的甜香。杏色花人气高，从杯状逐渐变到莲座状。持续开到晚秋。树形娇小，花向上开，也适合盆栽。

"薰乃"

FL　四季开花 / 中花 / 杯状 /1m/ 强香

在部门竞赛中获得金奖。包含所有月季的香气成分，混合着大马士革香与茶香，香气深邃。花期长，大花长时间开放，让庭院弥漫着迷人的香气。照顾得越细致长得越好。

村上

"夜来香"

HT　四季月季 / 中花 / 高心半剑瓣 /1.2m/ 强香

浓郁的蓝色月季香气里带着清爽的柑橘系佛手柑与水果的香甜。在"国际新品种月季香气竞赛"中获得金奖。作为杂交茶香月季，花大小适中，花量大，适合作为切花观赏。

有岛

后藤

"蔓越莓酱"

S　四季月季 / 大花 / 莲座型 /1.2m/ 强香

甜甜的蔓越莓香气。紫丁香色花 3 朵一簇，映衬在泛红的叶子间。到了深秋温差大，红色加重变成杯状，花容富于变化。应适时果断地剪短，保持树形。

"杏糖"

HT　四季月季 / 大花 / 高心半剑瓣 /1.2~1.5m/ 中香

柔和的杏色花散发着桃子的甜香。树形直立瘦长，适合狭窄的庭院及阳台。初学者也能培育出许多花。花茎挺立，作为切花能让室内弥漫花香。

村上

"香饰"

HT　四季月季 / 中大花 / 抱心状 /1.6m/ 强香

散发着热带水果成熟果实的香气。花色由杏黄色逐渐变化到淡淡的珊瑚粉。细枝上也会长出花蕾开花，结实的粗枝则会形成花簇。树形横向生长且紧凑，适合盆栽。

小山内

松尾

"朝圣者"

CL　反季开花 / 大花 / 浅杯状 /2.5m/ 中香

混合着茶香与牛奶香，香气浓郁。如果开满整面墙，丰富的花香会弥漫四周。花略大，优雅的柠檬黄，花色随着盛开从外侧逐渐变为白色。低调，适合与任何花搭配。

"宠姬·蓬巴杜"

S　四季月季 / 大花 / 深杯状~莲座状 /1.5m/ 强香

馥郁的果香让人终生难忘。春秋花姿华丽鲜艳，夏天则是娇小可爱的花姿。反复开花，在平原甚至可以一年开 5 次。也可作为半爬藤植物，用途多样。"一家一株蓬巴杜！"一定要试试！

大野

FAVORITE ROSES

下面挑选了通晓月季的达人们
钟爱珍藏的品种。

花多、芬芳、赏花期长，是黄
色系月季中最为推荐的品种。

"格拉汉·托马斯"
S　四季月季 / 大花 / 杯状 /1.8m/ 浓香
春天开花多，会开满整个植株。也能够持续开
到晚秋，非常珍贵。不仅可以在空间小的花
盆里培育，也能够伸展覆盖较大面积，根据
不同的培育方式可以有多种造型。茶香浓郁，
在黄色系藤本月季中评价高。

满开后也能欣赏波浪状花姿。

"治愈"
HT　四季月季 / 大花 / 莲座状 /1.3m/ 浓香
波浪状花瓣轻轻摇曳非常优雅，泛着柔和的
丁香粉。从花苞到满开，端庄的花姿魅力不减。
奶香及茶香出众，散发着浓郁的香气。直立性，
宽度大约80cm，树形独立而优美。

树形齐整，赤手摘花也可以。
不费工夫的月季优等生。

"月季园"
FL　四季月季 / 中花 / 莲座状 /1.5m/ 微香
芬芳的杏色花可以接连不断地开到秋天。树
形娇小紧凑，好打理，花开败后只摘去花即可，
不需要使用剪刀。健壮、不施农药也可以持
续开到晚秋的优良品种。长势过旺时，可在
冬天进行修剪。

姿色柔美，耐酷暑，
夏天也能开出美丽的花。

"杏"
FL　四季月季 / 中花 / 抱心状 /1.0~1.2m/ 微香
杏色上泛着粉色，暖意融融。前端略尖的花
瓣呈柔和的波浪状，并在中央向内翻卷。开
花多，结实粗壮的枝条上会形成花簇。耐酷暑，
夏天也开出美丽的花。树形娇小，适合盆栽。

随季节变化的绚丽花色
如上了妆的肌肤般美丽。

"美丽肌肤"
S　反季开花 / 大花 / 波状圆瓣 /1.2~1.5m/ 浓香
育种家河本纯子培育出的松尾园艺原生月季。
以黄、橙、珊瑚粉为底色的杏色花随季节变
化而变化（图片为5月的花）。枝条直立伸展，
可用于支架、窗边、拱形架等多种造型。也可
以盆栽观赏，反季开花。茶香、果香沁人心脾。

不断盛开宛如雪纺般
柔美的花。

"雪纺"
S　四季月季 / 中花 / 波状平展 /1.0m/ 微香
随着盛开，从一开始的杏粉色逐渐变到鹅黄
色。波浪状花瓣层层重叠如雪纺般，散发着
淡淡的茶香。娇小，最适合盆栽及花坛前方。
反复开花，观赏期长，也推荐给初学者。

第 4 章

从两种风格探究月季花园的魅力

比较：优雅风格还是别致风格

根据情形、喜好展现月季魅力的庭院设计多种多样。落落大方的"优雅风格"和焦点突出的"别致风格"。从两种不同的风格来探索栽培及场景设计的诀窍。下面，园林设计师田口裕之将向我们介绍其中的重点和诀窍。

田口裕之
"木心"（埼玉县入间郡）
http://www.ki-gokoro.net
主要选用月季、铁线莲及大株宿根
草等健壮的树苗及乔木。擅长外观
精致的栽培和自然的庭院设计。另
外，熟悉全方位的花园设计、施工、
维护等。并参加了 2010 东京国际
花卉园艺展览会。

来客第一眼看到的风景。灌木丛及意大利的装饰品衬托着外墙上牵引的月季。

巧妙利用静物戏剧化地
展现春天的华丽多彩

神奈川县　安藤纪子

Elegant Style
优雅风格

花园地图

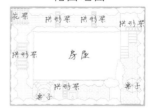

藤本月季与宿根草的绝妙搭配

　　安藤栽培了约 220 种 330 株美丽盛开的月季。洄游式庭院里大量的藤本月季含苞待放，环绕着西洋风格的住宅。使用围栏、外墙、拱形架和花架，演绎多种场景。北侧也栽种健壮的品种，下功夫使之牵引到拱形架等高处，多少也能接受到光照。

　　"种在地面前先在花盆里培育，然后决定适合栽在东西南北哪个位置。"

　　安藤真正开始栽培月季是在 9 年前搬到这里的时候。他参考了意大利的庭院杂志，选定一个喜欢的品种并考虑色彩搭配。重视月季与绿叶的平衡，以枝叶繁茂的藤本月季为中心，搭配着丰富的落新妇、大星芹、矾根、黄水枝等宿根草。

　　"为了找到适合庭院的宿根草，花费了多年时间。因为花开不过夏天的种类很多。"

　　绿叶映衬下的月季光彩夺目。

砖瓦墙壁下
月季萦绕

"一角一景，营造出小小的月季房。"搭配最初种植的黄色月季"格拉汉·托马斯"与外墙水池相呼应，流露出浪漫的气氛。水管的施工由"Wonderdecor"（神奈川县横滨市）负责。

衬托月季姿色的
植物熠熠生辉

**不同的姿态和色彩
增添变化与律动**

1. 因为白色、粉色、杏色月季居多，蓝色的黑种草作为对比色让空间更加紧致。
2. 在藤本月季的下部空间种植宿根草。选择形态清爽美丽、喜半阴的白及等花卉。

**各种月季也维持绝妙的色彩平衡
以小朵为主进行搭配**

3. 粉白色的"粉红努塞特"和桃红色的"超级埃克塞尔萨"。选择开花时期、花色、香气、花形、树形合适的品种进行搭配。
4. 大朵的"梦少女"和小朵的"约翰·莱恩夫人"。同色系花通过不同的花形营造出经久耐看的风景。

富有变化的小路
向深处延伸

5. 利用欧洲古城般的装饰物，让月季呈现立体效果，形成绿色帘幕，使人们对里面充满期待。

6. 容易成为死角的北侧栽种着"芭蕾舞女"等强健的品种。据说是在花盆里培育了3年后移植到地面上的。和喜半阴的宿根草一起营造出小路一样的气氛。

安藤家花架上的月季

安吉拉	芭蕾舞女

深红色的"安吉拉"和粉白色的"粉红努塞特"搭配，营造出柔美的风景。	与粉白色的"保罗的喜马拉雅麝""繁荣""昨日"搭配，呈现粉红的层次。

赏心悦目、繁茂
有立体感的花架

为了让喜爱的藤本月季呈现出立体感，积极利用围栏和外墙。尤其是安藤自己设置的6个连续拱形架，每处拱形架都美丽地盛开着白色、粉色、杏色、紫色的月季。

通过巧妙的牵引
恰好窥到墙壁

精心调节藤本月季"海洋泡沫"的牵引分量。从缝隙里可以看到背后的墙壁，毫无压迫感，与建筑物融为一体。

为什么安藤的月季花园如此棒？

富于变化的色彩中组合形态、高度不同的植物，互相映衬十分协调。攀爬在墙面上的月季分量也刚刚好。

搭配厚重的装饰，
宛如西班牙庭院

喷泉和水池等演绎出异国风情的空间。为使深邃狭长的庭院不单调，也起到了活跃气氛的效果。

协调地混种有名的
配角植物

1. 与淡粉色月季搭配的是黑种草。奢华的植物在一起营造出柔美的气氛。

2. 以亭亭玉立的姿态为特色的毛地黄。形态各异的植物组合描绘出富于变化、意味深长的景色。

Elegant Gardens One point

关键是有分量的拱形架

演绎出华丽
拱形架的秘诀

想要制作出观赏性强的拱形架难度很高。应从牵引的月季和支撑它的支架两方面来制作漂亮的拱形架。

要点 1

只凭"喜欢"来选择是不可取的
选择华丽的品种

品种选择很大程度上影响着花架的漂亮与否。有些月季品种也不适合花架。枝条延伸超过 4m 的月季不适合，尤其是藤本月季和原生木香月季。推荐剪短也能开花的品种。

‖ 推荐的品种 ‖
"粉色达芬奇"或者"杜普雷""黎塞留主教"等。

要点 2

茂盛的拱形架根基是关键
为了能够承受月季的重量，应加固拱形架的根基

对于分量大的花架，月季的负荷集中在花架脚部。花架甚至会因月季的延伸趋势而被拔起，所以根基部分一定要牢固。

花架的 4 脚分别加固铁柱，用锤子将其楔入地下（※ 事先确认花架下是否有下水管道）。在上下两处用卡箍固定花架的脚部与铁柱。

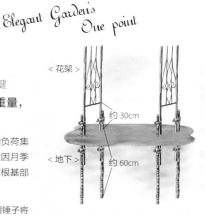

< 花架 >

约 30cm

< 地下 >

约 60cm

< 材料 > 铁柱 4 根（规格：粗 1~1.3cm，长 90~120cm）、不锈钢卡箍 8 个、锤子、钳子

※ 都能在五金店买到

入口周围的植被。飞蓬群栽，酝酿出自然沉稳的气氛。月季中混栽的西班牙薰衣草个性十足，风景如画。

花园地图

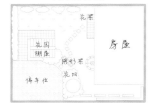

曲线柔美的花架上点缀着深红色的"克里斯托弗·斯通"和白色"冰山"，绚丽多彩。

群马县　K

通过简单的颜色搭配和密度
适当的栽种让大花月季成熟稳重

Chic style

别致风格

不依赖杂物和家具
展示月季纯粹之美

　　恬静的住宅一隅、围栏和入口处的月季格外引人注目。最爱月季、一直憧憬生活在月季萦绕下的K在修建新家之际，聘请"House&Garden"（群马县高崎市）进行了设计施工。经过多次协商，设置了牵引月季的拱形架和小屋。在庭院迎来第3年之际，梦想中的美丽月季花园已成为现实。

　　月季以大朵的英国月季和古典月季为主。其他栽种以减少绿叶及小花为原则，充分展示月季的风趣与美丽。草坪上的绿叶植被与建筑物完美协调。不仅月季，K精心培育着所有植物。施工简单、密度适当的栽种，反而增添了庭院深度。

　　对月季的执着也体现在选苗。"尝试了很多，但最终还是觉得古典月季最合适"，让K下定决心的是"相原月季园"（爱媛县松山市）。月季摇曳着古典身姿的庭院里倾注了K的审美及经验。

以花园小屋为舞台
月季轻快地伸展着枝条

花园小屋的墙壁上大胆地牵引着淡粉色的"莫蒂默赛克勒"。覆盖小屋的一角，婀娜多姿。

每个角落选用单一颜色
轻松享受月季的魅力

1. 在篱笆上意味深长地栽种同色系"奥诺琳布拉邦"和"抓破美人脸"，充当庭院与马路间的屏障。它们柔美地绽放着，全方位都能欣赏，弥漫着香甜的味道使行人陶醉。

2. 在厨房窗户目之所及的地方，单一栽种着杏色的大花月季"皇家落日"，以个性的花架为背景，奔放美丽。

无论从何处取景
都使其风景如画

3. 在小屋旁静物般放置着厚重的花园装饰物。通过素材为长满绿植和草坪的庭院增添了变化。

4. 从起居室看到的景色。设计能从待的时间最长的地方欣赏的庭院景色。

为什么K的月季花园如此棒？

为了凸显月季傲然的姿态，控制植被分量，从而增加开放感。选择围栏等意味深长的装饰，营造沉稳的气氛。简单并充分地展现月季的魅力。

巧妙地加入复古元素强调月季的稳重

1. 定制的茶色篱笆上攀爬着甜美的淡粉色月季，绝妙的搭配美轮美奂。

2. 深红色的"赤陶"与黑色花架。用心修剪直立的枝条，让其华丽的花容存在感十足。

底部种植宿根草与
月季背景相协调

灌丛月季"克雷亚"下栽种着华丽的荆芥，很好地隐藏了月季下部的枝干，宛如花束般可爱。

将小屋涂成与植被搭
配的灰色

灰色与绿色、粉色等柔和的花色非常搭！可以让淡色尽显冷静。半遮半掩、墙壁清晰可见也是设计重点。

**协调地组合花木
让空间合理有序**

橄榄树、直立乔木和绵毛水苏等
宿根草进行巧妙的配色。毫无压
迫感、分量刚好的植被烘托出月
季自然的魅力。

*Chic Gardens
One point*

衬托月季的知名配角

. . . .●

**要注意宿根草
的栽种位置**

●. . . . .

宿根草在凸显月季魅力
方面不可或缺。但是，
胡乱围绕在月季下部是
不可取的。栽种时费点
心思，月季和花草就可
以旺盛地生长。

植株间距和栽种位置很重要

**洞察成熟后的植株幅度
栽在月季前方及后方**

生长中的月季和宿根草植株逐渐扩展。如果没有
预留间距，植物之间会碰撞、引发病虫害、根部
营养失衡等，互相妨碍生长。因此在栽种时充分
确保植株间距十分重要。理想状态是确保生长幅
度半径宽的间距（约 1m）。如果是横向繁殖、根
系短的宿根草，为了不妨碍月季的通气性，可以
预留约 30cm。关于栽种位置，沿着植株的斜方向
栽种宿根草，可以呈现外观美丽的花坛。

■ 建议栽种的最佳位置

迎合观赏方向，为避免重合应
斜向栽种。

之前

之后

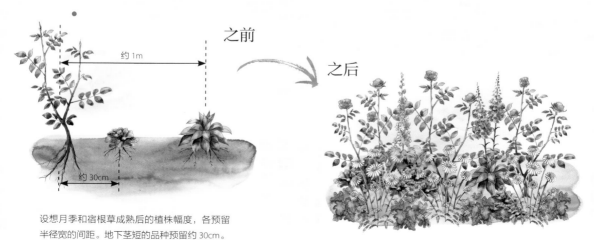

约 1m

约 30cm

设想月季和宿根草成熟后的植株幅度，各预留
半径宽的间距。地下茎短的品种预留约 30cm。

第 5 章

月季的照料 & 病虫害防治宝典

　　庭院里盛开着可爱又美丽的月季花，这是人人都向往的。但是不是难以实现？人们经常这样犹豫不决。

　　只要适时适当地加以照料，月季就会茁壮生长。

　　这次，月季专家小山内健将与我们分享简单易懂的栽培基本知识。

教我们的人

"京阪园艺"
小山内健

月季侍酒师
月季鉴定师
有着丰富的知识和栽培经验，活跃在电视、杂志等媒体的月季专家。
其通俗有趣地解说月季栽培方式的研讨会和演讲，每次都极具人气，结合月季品种及环境，给出简单易懂的栽培建议。
http://keihan-engei.com/

要想生活中有月季相伴，须事先知道

　　为了使月季美丽地盛开，仔细观察非常重要。仔细观察会发现许多东西，也能大致了解自己培育的月季的生长状态。然后，就可以进行适当的养护。

　　月季原本是"树"的同属。柔软水灵的枝条随着时间的推移会变得粗壮硬朗。认真培育的话月季会适应周围环境而变强，但不要过度照料，稍微放任不管会更加健壮。土壤干燥后要浇水。

　　根为了得到水分会不断延伸，从而使月季更稳固。月季大体可分为"直立月季"和"藤本月季"。

　　这里将介绍月季基本的养护及培育方法、病虫害防治措施。充分理解月季的特性及培育方法，就可以享受其美丽的芳容了。

基本的栽培月历

	5月	6月	7月	8月	9月	10月	11月	12月	1月	2月	3月	4月
生长·管理	开花（第一次）	开花（第二次）					开花（秋月季）					
		生长							休眠期			生长
				越夏对策					越冬对策			
栽种	新苗栽种							大苗栽种				新苗栽种
		盆苗栽种			盆苗栽种（只在冬季疏松根部）							
								冬季栽种				
剪·摘·牵引				夏季修枝（四季月季）				冬季修枝（四季月季）				
	摘花（随时）						摘花（随时）					
		牵引长势过旺枝条（老枝）（藤本月季）						藤本月季的造型、牵引、修枝				
施肥	施肥（每隔2个月）										施肥	

栽 种

花苗能够苗壮成长，离不开粗壮发达的根系。从春天到初夏种下花苗，之后就能够顺利成长。为使根基牢固，需要认真地栽种。

主要的花苗种类

新苗（幼苗） 秋~冬进行嫁接，直到次年春天在容器里培育的幼苗。优点是生长周期短。

大苗 将在田地里培育到秋天的新苗移栽到容器里的花苗。因为是在田地里栽培、管理，所以比新苗价格高。

盆苗 半年以上的新苗或者大苗长出枝叶繁茂、根系发达后的花苗。栽种不容易失败，适合新手。

新苗 4月~6月中旬

盆苗 除了盛夏几乎全年

市场上常见的月季苗 盆苗和新苗

在4月~6月店前摆放的月季主要有两种。一种是盆苗，种在6~8号花盆里，应季长了花和花苞，进行出售。另一种是新苗，1、2根带着叶的枝条种在3~4号塑料花盆里。使它们进一步长大的关键是，不要一开始就种在超大的花盆里。种在规格大2~3号的花盆里让其逐渐成长，是一种屡试不爽的栽种方法。

栽种前，将花剪去。

只有1、2根枝条。

盆苗、新苗的栽种顺序

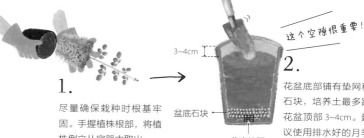

1.
尽量确保栽种时根基牢固。手握植株根部，将植株倒立从容器中取出。

2.
花盆底部铺有垫网和石块，培养土最多距花盆顶部3~4cm。建议使用排水好的月季专用培养土。

这个空隙很重要！

3~4cm

盆底石块

盆底垫网

3.
将花苗栽在花盆中央，周围加入培养土。不要埋住植株根部的嫁接口部分。

嫁接口

4.
将支架插到花盆底部，用塑料绳或麻绳将枝条牢牢固定。然后浇水直到盆底有水溢出。

※要想将新苗种到庭院里观赏，在买来新苗后，建议移栽到规格大2~3号的花盆里一直养到冬天，使植株充分生长。然后再将其栽到庭院里。

11月~2月 失败风险低 **大 苗**

果断地修剪春天种在田地里、晚秋挖出来的花苗，促进生长发育。挑选优质花苗的方法虽然因品种而略有差异，但一般挑选1、2支又粗又硬的枝条。外观稍粗糙且像乔木的花苗健壮好养。

盆栽
最好将买来的大苗移栽到7~10号花盆。一开始就栽在8号花盆里出售的大苗可以不动。

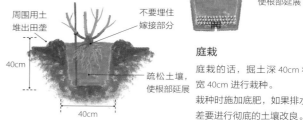

不要埋住嫁接部分

疏松土壤，使根部延展

周围用土堆出田垄

不要埋住嫁接部分

40cm

疏松土壤，使根部延展

40cm

庭栽
庭栽的话，掘土深40cm×宽40cm进行栽种。
栽种时施加底肥，如果排水差要进行彻底的土壤改良。

长势过旺枝条的照料与管理

6月~7月

从根部充分吸收养分及水分、长势过旺的粗壮枝条被称作"老枝"。虽然植株旺盛是生命力的象征，但通过修剪使其与周围枝条协调，能够提高花量。这里将按照月季种类介绍枝条的照料及管理方法。

藤本月季

藤本月季生命力旺盛的长长的枝条一直向上生长到冬天，用麻绳等轻轻地绑在篱笆及支架上。藤本月季如果枝条下垂就会停止生长，开始无节制地分叉，所以要牢固地固定住。拱形架和花架的情况相同。到了冬天缠绕新枝进行牵引，为春天做准备。

失衡，长势过旺的枝条（老枝）

对于藤本月季，确保生长初期长出的新枝向上伸展非常重要。

直立月季

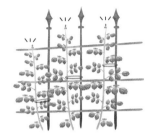

开花后，抑制并修剪长势过旺的枝条，养分得以重新分配到周围的枝条，使生长保持平衡。如果放任不管任由其往高处长，养分会集中在长势过旺的枝条上，植株姿态杂乱，也不怎么开花。修剪时注意修整形态是关键。

越夏·越冬对策

如果月季植株健壮，一般不容易枯死。但是要想开出美丽的花，应尽量减少酷暑、严寒带来的损害。

越 夏

8月~9月

夏天的酷暑会对植株造成损害。这样会影响其秋天开花，因此尽量保证凉爽的环境。

如果是盆栽，可放在大两号的花盆里，注意光照及温度

双层花盆，除了在空盆里放入石块和日向土外，还可在花盆与花盆之间放入报纸及水苔以提高保湿效果。

如果是庭栽，可通过地表植被使其看起来凉爽

在月季植株周围栽抗暑耐旱的地表植被（像毛毯般延展的植物），从而避免土壤高温。

越 冬

12月~2月

严寒来袭时，月季会从植株下部开始掉叶子，枝条也变为红色，进入休眠期。初春会重新开始生长，为使其度过严寒的冬天，需要好好保护植株。

控制浇水以防冻结

从12月到2月，不要过度浇水。土壤湿润的话会冻结而损伤根部，冬天土层表面略微发干则恰到好处。

盆栽和庭栽还要防止霜冻

为避免土壤冻结，可以放置在有屋顶的地方繁殖。如果无法挪动，用麦秆覆盖花盆表面，防霜冻效果好！但也会成为病虫害的越冬场所，麦秆应在初春时撤去。

枝条的修剪

使植株健壮，充分得到光照，修整树形开出美丽的花等，修枝的目的多种多样，是培育月季时非常重要的照料方式。这里将分季节介绍不同的修枝方法。

修剪的基本顺序

1. 修剪到植株整体高度的 2/3，确定大概的位置。

2. 从根部剪去枯萎、细弱的枝条。

3. 剪去从上面高度的 1/3 枝条。如果叶少，修剪时就把叶留下。

4. 设想好树形进行修剪。枝条充分接受光照，植株健壮。

8月~9月

因夏倦情况而不同
夏天的修枝

通过夏季整齐划一的修枝，能够欣赏到更加美丽的秋月季。光照和通风变好，也可以防止病虫害发生。叶子多的植株健康，相反叶子少的植株应该是有地方出现了问题。

叶子布满植株大半时
剪掉植株整体高度约 1/3 的枝条。从根部剪去发黄有伤、细短、枯萎的枝条。

剪去发黄有伤、细短、枯萎的枝条

叶子落了大半时
修剪时每个枝条上留下 3、4 片叶子。从根部剪去枯萎、细短的枝条。

剪去发黄有伤、细短、枯萎的枝条

叶子留下

几乎没有叶子时
为了使植株恢复生机，这时修剪是不合适的。因为开花更加消耗体力，此时应摘去花蕾和花。施加活力剂直至枝叶茂盛，枝叶茂盛之后改成液体肥。

1月中旬~2月中旬

影响春天开花
冬天的修枝

冬天修枝能使植株重获生机。休眠期的修枝给植株的负担较轻，最合适不过了。在该时节剪去粗壮的部分，初春可以长出有生命力的新芽。适期在 1 月中旬到 2 月中旬。作为准备工作，在修枝的 1、2 周前摘去所有叶子，有利于枝尖的休养。

B
体弱的植株修剪略浅

A
健壮的植株修剪略深

冬天果断地修剪
健壮的植株，剪去红芽上部、植株整体高度的 1/2~1/3（参考图 A）。黄色或黄绿色枝条多的植株，因为光照不足、不耐病虫害，只剪去植株整体高度约 1/4 的枝条（参考图 B）。

芽的正上方

从红芽的正上方剪去
埋在枝条里的芽以及像竹笋般有厚度的"新芽"都是好芽。留下这些芽，从上面 0.5~1cm 处剪枝。

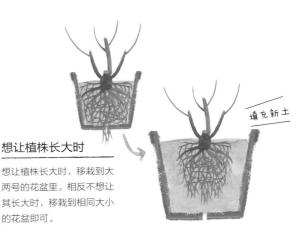

想让植株长大时

想让植株长大时，移栽到大两号的花盆里。相反不想让其长大时，移栽到相同大小的花盆即可。

11月~2月

冬季的移栽

　　盆栽月季，当根系充满花盆时很难再吸收肥料及水分。如果放置不管，开花及枝叶长势等就会衰退。最好1、2年移栽1次。

移栽的窍门

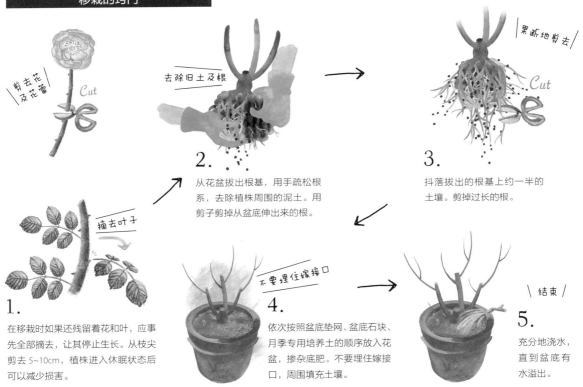

剪去花及花蕾 Cut

去除旧土及根

果断地剪去 Cut

2. 从花盆拔出根基，用手疏松根系，去除植株周围的泥土。用剪子剪掉从盆底伸出来的根。

3. 抖落拔出的根基上约一半的土壤。剪掉过长的根。

摘去叶子

1. 在移栽时如果还残留着花和叶，应事先全部摘去，让其停止生长。从枝尖剪去5~10cm，植株进入休眠状态后可以减少损害。

不要埋住嫁接口

4. 依次按照盆底垫网、盆底石块、月季专用培养土的顺序放入花盆，掺杂底肥。不要埋住嫁接口，周围填充土壤。

结束

5. 充分地浇水，直到盆底有水溢出。

移栽时检查！

移栽是恢复根系的重要作业。如果根系健壮，叶和花也会发育充分。

修剪时根和枝条的长度保持协调 Cut

整理根和叶，均衡发育
如果留着较长的根，则会抑制周围根系的发育。修剪根系时，统一根的长度很重要。

生长颓势可能是因为土壤里有害虫
如果土壤中有金龟子幼虫，则是植株衰败的元凶之一。移栽时如果发现应将其去除。

浇水

月季如果浇水过多植株会衰弱，待土壤变干后再浇水。

生长过程中如果土壤变干可以充分地浇水

月季根部非常喜欢水和空气。因此土壤干燥后再浇水，能够创造出最合适的生长环境。土壤没有干就浇水的话，会导致月季衰弱，要多加注意。

有节制

让根部略微干燥

浇水过多是根部发育不良和病害的根源！略微干燥的话，为了得到水分根系会延伸，因此将水浇在稍微离开植株根部的地方。

稍微离开植株根部

施肥

要使月季从初春到秋天茁壮地生长，定期施肥很重要。

在吐芽的时机进行施肥会使花长势好

吐芽的时候（3月中旬~下旬）进行施肥，花会长得好。

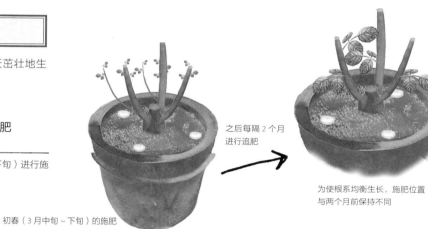

初春（3月中旬~下旬）的施肥

之后每隔2个月进行追肥

为使根系均衡生长，施肥位置与两个月前保持不同

摘花

为使之后的新芽健康发育，摘花是重要的作业。对于四季开花的月季，从春天到秋天要反复进行摘花。

从大叶子上方剪掉

Cut

留下3~4片大叶子

单花

1根枝条上只开1朵花，称作"单花"。留下3、4片大叶子，从大叶子上方剪掉。长出新的枝条后，可以期待下次开花。

一簇花全部开败后剪掉

Cut

簇生

好几朵花成簇地盛开，称作"簇生"。花开败后一朵一朵地摘掉，一簇花全部开败后从大叶子上方剪掉。

需要知道的病虫害对策

栽培月季时会出现病虫害。发现灾害要及时防治。
这里，将介绍主要病虫害的症状及药剂。

叶子上出现黑斑
黑星病（黑斑病）

连日阴雨诱发的真菌病。叶子上出现黑色斑点并扩展，不久后叶子变黄脱落。应尽早进行消毒。另外，脱落的病叶会成为感染源，清理很重要。

群体附着在新芽上吸汁
蚜虫

群体附着在新芽、嫩叶、花蕾等柔软部位吸汁。1~2mm 的绿色小虫，发生在 4 月 ~6 月。

可能泛白粉
白粉病

在新芽、嫩叶、花蕾等柔软部位像抹了粉一样生有白色真菌。虽然不会落叶，但生长衰退、影响开花。发现后及时剪掉完全变白的枝条再进行消毒。

留意枯萎及闭口的花蕾
象鼻虫

在枝尖柔软的部位吸汁，在枝尖和花头上产卵，导致花蕾及枝尖枯萎。也多在枯萎脱落的花蕾上产卵，必须清理掉。

让花瓣枯萎也是象鼻虫所为

花瓣上出现红色斑点
灰霉病

这是一种在花蕾及花上出现红斑及灰色真菌的病害，多发生在多雨的梅雨季节。尽早摘去长有真菌的花和叶。在开花前进行消毒可减少病害。

叶片光秃只剩下叶脉
叶蜂（幼虫）

吃叶子只剩下较硬的叶脉，损害小花蕾和嫩芽。固定在一处食叶容易被发现，粉碎并去除叶片的效果比较好。

第*6*章
美丽的月季造型窍门

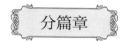

喜爱的月季配置不同，呈现的庭院风格也各异。学习运用静物、背景等不同的月季搭配技巧，演绎美丽的场景。这里将分篇章介绍月季品种的选择及造型方式。

编辑/有岛薰（日本桥三越总店总馆露台"切尔西花园"）

Arch [拱形架]

作为大花园的亮点及入口装饰，拱形架不可或缺。
月季萦绕的美丽拱形架令人向往。
协调地造型，营造浪漫的气氛吧。

选择这样的月季！
● 四季开花的芬芳灌丛月季

牵引使花覆盖整个拱形架

月季花覆盖的美丽拱形架不逊色于任何装饰，散发出浪漫的气息。玄关、入口、花园小径等无论设在何处都十分华丽，引人注目。庭院的气氛会因拱形架设置的位置及数量发生很大变化，因此要做好计划进行配置。

● 品种选择

说起拱形架可能会想到藤本月季，但事实上藤本月季并不适合拱形架。藤本月季的藤蔓延伸会超过3m，而家用拱形架大概2.1~2.5m高，藤蔓会无处安置，令人棘手。另外，藤本月季大多只开一季，无香品种多，也不适合。

推荐四季开花的品种及反复开花的品种。从春天到秋天，拱形架可长期具有观赏性。选择芬芳的品种，进一步提升气氛，从下面经过会非常愉快。对于树形，推荐半藤本的灌丛月季。沿着拱形架伸展枝条，长度大概2.5~3m，恰到好处。花香、花期等因品种各异，选择合适的品种。

像画S一样牵引，花会开满整个拱形架。

● 造型

难看不协调的拱形架格外明显，因此注重造型十分重要。

尽量让枝条趴在拱形架侧面，呈S状重叠着向上牵引。这样，拱形架整体会保持花和叶的协调。如果让枝条径直向上延伸，

枝条在拱形架上方立起来，会出现只有上部开花的情况。

牵引时如果遇到较硬的枝条，用几天时间让其逐渐弯曲。

如果牵引时让枝条径直向上伸展，只有拱形架上部枝叶茂盛。

One Point
让花开满整个拱形架

植株长势旺，从根部长出许多枝条后，除了拱形架侧面留下几根S形牵引的枝条，其他枝条在距根部约30cm、50cm、70cm处剪掉。可以使月季从近根处开花。

Fence [围栏]

设置在庭院分界及路沿的围栏。因为引人注目，也会用来营造住宅气氛。月季美丽地盛开，让行人陶醉。

选择这样的月季！

矮围栏
● 灌丛月季

高围栏
● 藤本月季

围栏上开满月季赏心悦目

围栏上开满月季的样子极具观赏性。完美无瑕固然好，但根据造型方式也会出现花不协调的情况。正是在众目睽睽下，更是需要细心的管理。与住宅相协调也是注意点。

● 品种选择

根据围栏高度选择品种是关键。如果条件允许，树高约是围栏高度 1.5 倍的月季品种最合适。

对于低矮的围栏，横向生长的灌丛月季最合适。对于横向延伸的围栏，推荐枝条柔软、容易造型的蔷薇。婀娜娇羞的花容格外引人注目。

对于高围栏，适合枝条呈扇状伸展的混合麝香月季及植株大的灌丛月季、藤本月季。

搭配花期不同的多种月季也不错。尝试变换花的大小及颜色等，围栏的表情也随之变化。另外，搭配早开品种和晚开品种可长期赏花。

● 造型

为使花不只在围栏上部而是毫无瑕疵地布满整个围栏，牵引十分重要。

若是低围栏，尽量在低处就让枝条横向延伸。这时候，不要将枝条牵引到最上面而是略微靠下，这是为牵引后长出来的新枝留下空间。但是，若栽种的是蔷薇，其枝条柔软下垂，可以不预留空间。

若是高围栏，让枝条呈扇状伸展。为使围栏整体合理地开花，造型时让枝条均衡伸展。

若是低围栏，尽量从低处开始让枝条横向延伸。

若是高围栏，使其均衡地呈扇状伸展。

One Point

花梗长度不同则氛围迥异

长有花的枝条称作花梗，长度因品种而异。若是长花梗，枝条低垂，花向下开，呈现有动感的自然印象；若是短花梗，枝条不低垂，贴着围栏开花，呈现庄重的印象。

Gazebo, Pergora [凉亭·花架]

凉亭·花架作为庭院的华丽元素宣示着存在感。在这里度过特别的下午茶时间。选择芬芳的品种，度过美好的瞬间。

选择这样的月季！
● 藤本月季
● 灌丛月季

组合多个品种华丽地覆盖

在庭院里宣示存在感的凉亭·花架。想必很多人希望能在美丽的月季树下放置桌椅度过一段优雅的时光。无论哪种，用月季藤蔓覆盖的面积广，在选择品种的基础上也要把握氛围和色调等。它与月季十分协调，是造型的好素材。

● 品种选择

对于凉亭·花架，推荐枝条延伸 3~4m 且枝条多的藤本月季。大型花架也可以搭配多品种呈现华丽的装饰。另外选择大的藤本月季覆盖，几乎看不见花架结构，非常漂亮。

凉亭有木制和铁制的，分别适合不同的月季。木制凉亭本身就具有较高的观赏价值，让月季看起来像点缀上去的。朴素可爱的小花藤本月季等非常合适。

铁制凉亭同花架一样，搭配大小不同的月季，可呈现华丽的场景。

要想从下向上赏花，搭配蔷薇效果较好。

木制凉亭的屋顶上装饰线条纤细的月季。

● 造型

使用枝条柔软的品种好牵引，管理也轻松。首先将长势旺盛的枝条牵引到花架中央，使侧枝充分地伸展。特别是柔软的侧枝，让其轻轻地下垂，渲染气氛。

使用藤本月季时，枝条长，柱子周围开花少，比较冷清。如果搭配芬芳、四季开花的灌丛月季，柱子周围也会绚烂茂盛。几根枝条高低错落，从柱子根部起每隔约 50cm 进行修剪。这样，花能够协调地布满包含柱子在内的整个花架。

有层次地修剪，柱子周围也茂盛。

One Point
使用 S 形挂钩

牵引头顶上方的月季最为棘手。手够不到时，将细支架顶端弯成钩状来固定藤蔓。另外也可以用 S 形挂钩固定枝条。

Wall, Window

[墙面·窗檐]

从室内可以欣赏的萦绕窗檐的月季及令行人赏心悦目的装饰墙面的月季，提升氛围的效果令人期待。

选择这样的月季！

墙面
● 藤本月季·灌丛月季

窗檐
● 灌木月季·蔷薇

与房屋外观协调，像绘画般牵引

就像在校园里绘画一样，在墙面和窗檐上协调地搭配枝条。月季枝条不会直接抓住墙壁，需要在墙面上安装金属线进行固定。虽然可以用锚等固定，但最好请专业人士。因为铁制的容易生锈，建议使用不锈钢金属线。

● 品种选择

选择与房屋外观协调的品种是原则。不管再怎么喜欢，如果不适合外墙素材、色调等的风格就不会营造出具有统一感的美丽画面。因此，要有意迎合庭院的整体印象，打造具有统一感的空间。

除了花形、花色，考虑枝条的伸展方式也是品种选择的重点。如果希望能覆盖 2 楼并攀爬面积广，藤本月季最合适不过。在想装饰的地方，配置枝条让其自如地伸展。但是，藤本月季多是一季开花。因此搭配四季开花的灌丛月季，春天之后也可以欣赏花开。

藤本月季、灌丛月季、蔷薇等多种组合也赏心悦目。

大家容易觉得藤本月季也适合 1 楼的窗檐，但是其枝条过于伸展，在窗户高的地方才会开花。低的地方推荐灌丛月季。

如果是不怎么敞开的窗户，让藤蔓从窗户上方轻轻下垂，也是室内欣赏月季的一种方法。无论从室内室外看都有一种优雅的印象。选择花萼下垂的蔷薇以及线条细腻的灌丛月季等，在窗檐营造出美丽的场景。

● 修剪

藤本月季旺盛地伸展枝条，并在高处开花。因此，在 1 楼窗户的高度不会开花。切实将开花的枝条横在窗户侧面，并在稍微低的位置对多根枝条进行有层次的修剪，就可以在窗檐欣赏到错落有致的月季花。修剪时，为在窗户上方也能欣赏到花，可以留下长的枝条。

One Point

搭配铁线莲

铁线莲非常适合月季。如果月季上方枝叶茂盛，月季状态会变差。

推荐适合深度修剪并反复开花的铁线莲品种。花开败后，可以从地面 20cm 处进行修剪，不会给月季造成负担。

Flower Bed [花坛]

许多花草与月季种在一起构成色彩丰富的英式花园。宿根草与乔木的立体组合演绎出印象深刻的场景。

选择这样的月季!
● 乔木月季
● 灌丛月季

留意与周围植物的共生

各种花与月季和谐共处的西洋庭院是人人向往的世界。最近, 日本也出现了许多与庭院花草亲近的园林月季, 容易在庭院繁殖。

● 品种选择

之前的杂交茶香月季单株存在感过强, 很难与其他花草协调。最近经常看到的英国月季和法国月季相对低调, 与周围的植被和谐共处。特别是英国月季, 是以与其他花草搭配栽种为前提的改良品种, 有着卓越的适应性。

适合花坛的月季有灌丛月季和乔木月季, 其中推荐乔木月季。适合群栽容易繁殖, 枝条坚韧, 不需要影响庭院景观的支架。

● 修剪

不久前, 有说法是将开败的花及其下面 5 片叶中的 2 片一起剪去。但对于园林月季, 从开花枝条的中间剪去或留下 1/3。这样一来更加稳固, 树形也与周围花草很协调。

冬天时果断地深度修剪月季,会让花坛变得飒爽。但是,如果周围种着许多花草,剪得太短则会失败。因为可能在春天会被快速生长的茂盛花草所覆盖,不仅得不到光照,通风也会变差。为避免这种情况,应充分预留植株间距并保持适当的高度。以膝盖高度为大概标准,就不会被其他花草超过,月季可以健壮地生长。

花草长势较月季早,设想不被掩埋的高度进行修剪。

Obelisk [爬藤架]

月季花园必备——爬藤架。缠绕着月季花的爬藤架，可以提升庭院的浪漫气氛，增加庭院的立体感。

选择这样的月季！
● 灌丛月季
● 乔木月季枝条柔软的品种

造型方式
改变枝条伸展方向

想在花坛里配置效果好的爬藤架。大小有许多种，大的庭院有时使用高 2.5m 的爬藤架，但一般家庭多是使用高 1.8m 左右的。在花盆里使用时也要看大小，高 1.3m 左右比较合适，还可充当支架。

● 品种选择

大家容易觉得藤本月季适合爬藤架，但藤本月季长得过大，藤蔓无处放置。爬藤架的大小也多种多样，因此要根据月季生长高度而选择型号。刚才提到的一般家庭使用的爬藤架，推荐用于半藤本的灌丛月季以及柔韧的乔木月季。这两种可分别采用将枝条缠绕在爬藤架上的牵引方法及不弯曲的附着牵引方法。

如果缠绕在爬藤架上，适合枝条伸展自如的灌丛月季，不失偏颇、均衡地缠绕能使爬藤架整体开满花。如果采用不弯曲附着牵引，推荐用于植株大且柔韧的乔木月季，让枝条互不重合地伸展，牵引在低矮的爬藤架上。

● 造型

根据大小，也可以栽种 2~3 株。只栽 1 株时可以栽在爬藤架中央，栽种数株时，以 50cm 左右为间隔栽在爬藤架外缘。如果栽种多株大的品种，管理困难且协调性变差，因此要根据品种决定株数。

牵引的关键是，如果是缠绕造型，尽量让枝条贴近爬藤架。直立造型会造成只有顶部开花，需要注意。

不弯曲的附着方法。让爬藤架充当支架。　缠绕方法。牵引到爬藤架上使整体非常华丽。

● 修剪

为了让爬藤架自下向上均匀地开满花，同拱形架一样，对枝条按照一定的层次进行修剪。

One Point
让爬藤架融入庭院

为了让爬藤架自然地融入庭院，伸展的枝条不是完全贴合在爬藤架上，而是略有游离的感觉，牵引时留有余地是关键。

Container [花盆]

在花盆里培育月季,其"魅力"成为庭院的亮点,也是提升庭院气氛的一种方式。像静物般,呈现格外引人注目的盆景吧。

选择这样的月季!
● 小型的灌丛月季
● 横向生长的乔木月季

植株袖珍花量饱满

根据造型,月季可以在花盆里盛开大量的花。即使盆栽尤其讲究树形且袖珍,但也希望能观赏到大量的花。

● **品种选择**

无论哪个品种都可以进行盆栽,但向初学者推荐树高1.5m以内的娇小型月季。茂盛且横向延伸的品种稳定性强,易保持均衡。

● 造型

纵深的8~10号花盆(直径24~30cm)可以使根部牢固扩张,外观细长,协调性好。选择适合月季生长的花盆,月季会生长健壮,花容也更加艳丽。

在花盆里为保持整体的协调,调节植株高度至关重要。保持植株大约是花盆高度的2~2.5倍则看起来十分协调。如果超过这个高度,头部会长得特别大而失去平衡,要多注意。基本上在冬天进行修剪,控制高度及枝条数量。

最高不超过花盆高度的2~2.5倍,这样整体最协调。

● 修剪

把握住修剪定律"花数=枝数"。这是因为要想大量开花需要大量开花的枝条。此前的修剪是"最好从深(低)处、大约铅笔粗的地方修剪",但这是杂交茶香月季的情况。而最近的园林月季细枝上开出好花的品种很多,尽量多地留下枝条从而增加花数。

开出好花的枝条粗细因品种而异,不能一概而论。多粗的枝条能开出好花?可以通过多观察自己培育的月季,来判断留下哪些枝条。

"帕特·奥斯汀"的细枝上也开花,修剪时尽量多地留下枝条。

袖珍的植株上花繁叶茂,花败后剪掉2/3的枝条。

One Point
种植初始是关键

大苗的枝长通常为30cm,栽种时需要充分整理好。从嫁接处上方10~20cm处的新芽上方修剪,可以让植株稳固协调。

特别鸣谢

木心
埼玉县入间郡三芳町上富 489-7

京阪园艺
大阪府枚方市伊贺寿町 1-5

京都·洛西 松尾园艺
京都府京都市西京区大枝西长町 3-70

玫瑰·面纱（小松园艺）
山梨县中巨摩郡昭和町上河东 138

京成玫瑰园
千叶县八千代市大和田新田 755

日本桥三越总店总馆露台"切尔西花园"
东京都中央区日本桥室町 1-4-1

图书在版编目（CIP）数据

魅力无限的月季玫瑰花园 / 日本FG武藏编；苏彦睿译. — 北京：机械工业出版社，2020.12
（打造超人气花园）
ISBN 978-7-111-65346-2

Ⅰ.①魅… Ⅱ.①日… ②苏… Ⅲ.①月季 – 观赏园艺 ②玫瑰花 – 观赏园艺
Ⅳ.①S685.12

中国版本图书馆CIP数据核字（2020）第061827号

机械工业出版社（北京市百万庄大街22号　邮政编码100037）
策划编辑：马　晋　责任编辑：马　晋
责任校对：张　薇　责任印制：张　博
北京宝隆世纪印刷有限公司印刷

2020年7月第1版第1次印刷
187mm×260mm·6印张·124千字
标准书号：ISBN 978-7-111-65346-2
定价：49.80元

电话服务　　　　　　　网络服务
客服电话：010-88361066　机　工　官　网：www.cmpbook.com
　　　　　010-88379833　机　工　官　博：weibo.com/cmp1952
　　　　　010-68326294　金　书　网：www.golden-book.com
封底无防伪标均为盗版　机工教育服务网：www.cmpedu.com